U0162361

信息技术前沿知识干部读本

5G

本书编写组　编著

党建读物出版社

当前，全球新一轮科技革命和产业变革深入推进，信息技术日新月异。5G 与工业互联网的融合将加速数字中国、智慧社会建设，加速中国新型工业化进程，为中国经济发展注入新动能，为疫情阴霾笼罩下的世界经济创造新的发展机遇。

——习近平

出版说明

习近平总书记强调，领导干部要加强对新科学知识的学习，关注全球科技发展趋势，要更加重视运用人工智能、互联网、大数据等现代信息技术手段提升治理能力和治理现代化水平。党的十九届五中全会明确提出要加快壮大新一代信息技术，加快第五代移动通信、工业互联网、大数据中心等建设，加快数字化发展。

为深入贯彻落实习近平总书记重要指示精神和党的十九届五中全会决策部署，我们组织编写了信息技术前沿知识干部读本系列丛书，系统介绍工业互联网、大数据、人工智能、区块链、5G、云计算等新一代信息技术，包括基本概念、技术原理、政策背景、发展现状、应用案例以及未来发展趋势等，力求帮助广大干部学好用好新一代信息技术，提升科技素养和治理能力，为推动经济社会高质量发展提供参考和借鉴。

序　言

当今世界正经历百年未有之大变局，新一轮科技革命和产业变革深入发展。目前，我国经济正全面迈向高质量发展阶段，以新一代信息技术驱动的新基建在如火如荼地开展，大力推动我国供给侧结构性改革。5G作为新一代信息通信技术，具有大带宽、低时延、高可靠性等能力特性等，其应用将从移动互联网扩展到移动物联网等领域，驱动万物互联，推进社会各个领域深度融合，构筑经济社会发展的关键网络基础设施，培育经济发展新动能，助力中国新时代高质量发展。

以习近平同志为核心的党中央高度重视5G为代表的新型基础设施发展。2020年11月20日，2020中国5G＋工业互联网大会在湖北省武汉市开幕。习近平总书记在贺信中指出："5G与工业互联网的融合将加速数字中国、智慧社会建设，加速中国新型工业化进程，为中国经济发展注入新动能"。此前，习近平总书记在浙江考察时强调，要抓住产业数字化、数字产业化赋予的机遇，加快5G网络、数据中心等新型基础设施建设，抓紧布局数字经济、生命健康、新材料等战略性新兴产业、未来产业，大力推进科技创新，着力壮大新增长点、形成发展新动能。

《中共中央关于制定国民经济和社会发展第十四个五年规划和二〇三五年远景目标的建议》中也明确提出："构建系统完备、高效实用、智能绿色、安全可靠的现代化基础设施体系。系统布局新型基础设施，加快第五代移动通信、工业互联网、大数据中心等建设。"

我国早在"十三五"规划纲要中就提出，要加快构建高速、移动、安全、泛在的新一代信息基础设施，积极推进5G发展并启动5G商用。2019年6月，工业和信息化部向中国移动、中国电信、中国联通和中国广电4家企业发放了5G牌照，标志着我国5G商用的正式启动。当前，除了传统消费领域，5G应用在制造、交通等重点领域突破态势初现，促进经济社会转型升级的动能正在不断涌现，在这一特定历史节点，5G读本的出版有利于广大干部更好地了解信息技术前沿知识发展态势、应用领域和未来趋势。

本书共分五章，从概述、技术与标准、产业、应用、发展趋势等方面对5G展开阐述，各章内容概要如下：

第一章：5G概述，回顾移动通信技术发展历程，阐述了5G需求愿景、5G意义、5G全球推进进程。

第二章：5G技术与标准化，介绍了5G系统架构及无线、网络、安全和组网方面的新技术特性，叙述了5G标准化工作在ITU和3GPP等标准化组织的重要环节。

第三章：5G产业，介绍了国内外5G频谱分配、5G产业图谱、部署现状和运营态势。

第四章：5G 应用，主要介绍了 5G 手机和泛终端应用的情况，5G 赋能工业、电力、农业、城市等领域应用的最新典型案例。

第五章：5G 发展趋势，介绍了 3GPP R17 和 R18 两个版本对 5G 增强研究项目的部署，探讨了面向 2030 年网络技术演进的趋势。

本书把握 5G 技术、标准、产业发展脉络，紧扣国内、国际合作与发展主题，在向党员干部进行 5G 概念、应用和产业科普的同时，适当加深了技术方面的内容，便于党员干部更全面了解 5G 的发展现状，把握 5G 建设节奏，结合自身需求用好 5G 赋能能力。

目　录

第一章　5G 概述

第一节　移动通信发展进程

从发展现状看，移动通信大约每 10 年发展一代，每一代都体现了有代表性的技术特色和业务能力。从 1980 年前后第一代面向公众服务的移动通信系统诞生，经过近 40 年的快速增长，到今天进入 4G 全面商用和 5G 规模部署的新阶段，移动通信系统成为了全面连接人类社会的基础信息网络。随着网络系统的换代，移动应用也在不断发展演化，不仅全面重塑了人们的生活方式，更成为推动国民经济发展、提升社会信息化水平的重要引擎。

第一代移动通信系统采用模拟传输技术，主要技术制式包括北美 AMPS（Advanced Mobile Phone System，高级移动电话系统），以及在英国等地的 TACS（Total Access Communication System，全接入通信系统）等。第一代移动通信系统首次面向普通用户提供业务，应用类型限于话音业务。

第二代移动通信诞生于 1990 年早期，其技术特点是从模拟技术转向数字通信，从而使得移动数据业务成为可能。

2G 技术制式主要包括欧洲的 GSM（Global System for Mobile Communication，全球移动通信系统），基于 CDMA（码分多址）的 IS－95 技术等。随着时间的推移，GSM 技术成为 2G 技术主导，移动话音、短信和智能网业务逐渐普及，并成为大多数人生活离不开的通信方式。GSM 也是在中国普及的第二代移动通信技术，中国也逐步成为全球最大的移动通信市场。在 20 世纪 90 年代后期，又推出了 GPRS（通用无线分组业务）、EDGE（增强型数据速率 GSM 增进技术）等演进技术版本，移动通信系统开始提供低速的数据业务。

第三代移动通信始于 2000 年，3G 技术以码分多址技术为核心，国际电信联盟开始组织研制支持全球部署和漫游的移动通信标准，中国也第一次提交了 TD－SCDMA（时分同步码分多址）技术标准。3G 时代，移动通信系统开始朝着面向分组的高质量移动宽带方向迈进，极大促进了智能手机、宽带互联网应用的创新和普及。

从 2009 年到现在，以 LTE（移动通信长期演进）技术为代表的第四代（4G）移动通信提供了更高的效率和增强的移动宽带体验。依赖于 OFDM 和多天线技术，4G 能提供更大传输带宽。4G 系统中基于 IP 技术的网络结构可以方便地提供全数据业务，包括语音在内的全部业务全部可基于 IP 分组承载。

4G 移动通信网络自 2010 年开始在全球规模商用至今，成功地促进了移动互联网的爆发式增长。经过多年的发展，4G 移动通信已取得了惊人的商业成功，成为人们生活中不可或缺的通信基础设施。

从部署上看，据工业和信息化部统计信息显示，截至 2020 年 10 月，中国的移动用户总数已经超过 16 亿，渗透率超过 114.3%，4G 用户数 12.96 亿，占比超过 80%。全国 4G 基站数量在 2019 年底突破了 500 万个。互联网流量方面，通过手机上网的流量达到 1270 亿 GB，10 月户均移动互联网接入流量（DOU）达到 11.46GB/户。2019 年我国手机出货量为 3.89 亿部，其中 4G 手机占比高达 92.3%（3.59 亿部），国产品牌手机出货量占比超过 90%（3.52 亿部）。移动终端已逐渐成为人们接入互联网的主要工具。移动通信的跨越式发展，也为各行各业向信息化数字化和移动化转型提供了全新的契机。

从应用上看，各类依赖于智能手机和高速蜂窝连接的互联网应用和创新层出不穷，从深层次改变了人们的生活方式。移动互联网业务获得空前的繁荣。据中央网信办发布数据显示，2019 年全年我国国内市场上监测到的 APP 数量为 367 万款，其中游戏类 APP 达 90.9 万款，占全部 APP 比重为 24.7%，日常工具类、电子商务类和生活服务类 APP 数量共 121.9 万款，占全部 APP 比重 33.2%。其他社交、教育等 10 类 APP 占比为 42.1%，已经完整覆盖了消费生活的方方面面。

与移动互联网业务市场空间繁荣相对应，通信运营商逐渐成为通用的数据接入通道提供商，其传统业务收入持续下降，需要在 5G 阶段寻找新的业务增长点。

在技术与产业双轮驱动下，移动通信产业开始从 4G 向 5G

演进，5G从愿景、技术、标准、部署和应用一步步走来，目前已经具备了规模化商用的条件，从长远来说，5G将全面构筑面向2025年至2035年新一代新型基础设施。移动通信产业正在迎来又一次新变革。

表1—1　移动通信发展进程简表

	1G	2G	3G	4G	5G
代表技术	频分多址模拟调制	时分、频分数字调制	码分多址，频分、时分双工技术	OFDM/MIMO/扁平网络架构	大规模天线、灵活双工、服务化架构
主要系统	AMPS/NMT/TACS	GSM/CDMA	WCDMA/TD - SCDMA/cdma2000	LTE/LTE - advance	NR + E - UTRA/LTE
发布时间	1983—1987	1991/1993	2000	2012	2020
国内规模	660万	2.8亿	2亿	12.96亿	1亿+
趋势变化	模拟到数字		电路域到分组域	电信到互联网	连接人到万物互联

注：国内规模数字源于公开信息整理

第二节　5G需求与愿景

面向2020年及未来，移动互联网和物联网业务将成为第五代移动通信（5G）发展的主要驱动力。5G将满足人们在居住、工作、休闲和交通等各种区域的多样化业务需求，即便在密集住宅区、办公室、体育场、露天集会、地铁、快速路、高铁和广域覆盖等具有超高流量密度、超高连接数密度、超高移动性特征的场景，也可以为用户提供超高清视频、虚拟现实、增强现实、云桌面、在线游戏等极致业务体验。与此同时，5G还将渗透到物联网及各种行业领域，与工业设施、医疗仪器、交通工具等深度融合，有效满足工业、医疗、交通等垂直行业的多样化业务需求，实现真正的"万物互联"。

一、5G关键应用场景

5G将解决多样化应用场景下差异化性能指标带来的挑战，不同应用场景面临的性能挑战有所不同，用户体验速率、流量密度、时延、能效和连接数都可能成为不同场景的挑战性指标。从移动互联网和物联网主要应用场景、业务需求及挑战出发，可归纳出连续广域覆盖和热点高容量、低功耗大连接、低时延高可靠4个5G主要技术场景，对应国际电信联盟（ITU）提出的增强移动宽带（eMBB）、大规模物联网（MIoT）、低时延高可靠（URLLC）三大场景。

（一）增强移动宽带（eMBB）场景

连续广域覆盖和热点高容量场景对应增强移动宽带（eMBB）。

连续广域覆盖场景是移动通信最基本的覆盖方式，以保证用户的移动性和业务连续性为目标，为用户提供无缝的高速业务体验。主要满足2020年及未来的移动互联网业务需求，也是传统的4G主要技术场景。该场景的主要挑战在于随时随地（包括小区边缘、高速移动等恶劣环境）为用户提供100Mbps以上的用户体验速率。

热点高容量场景主要面向局部热点区域，为用户提供极高的数据传输速率，满足网络极高的流量密度需求。1Gbps 用户体验速率、数十 Gbps 峰值速率和数十 Tbps/km^2 的流量密度需求是该场景面临的主要挑战。

低功耗大连接和低时延高可靠场景主要面向物联网业务，是 5G 新拓展的场景，重点能够解决传统移动通信无法很好支持的方面，如物联网及垂直行业应用。

（二）大规模物联网（MIoT）场景

低功耗大连接场景对应大规模物联网（MIoT）场景。主要面向智慧城市、环境监测、智能农业、森林防火等以传感和数据采集为目标的应用场景，具有小数据包、低功耗、海量连接等特点。这类终端分布范围广、数量众多，不仅要求网络具备超千亿连接的支持能力，满足 100 万/km^2 连接数密度指标要求，而且还要保证终端的超低功耗和超低成本。

（三）低时延高可靠场景

低时延高可靠场景主要面向车联网、工业控制等垂直行业的特殊应用需求，这类应用对时延和可靠性具有极高的指标要求，需要为用户提供毫秒级的端到端时延和接近 100% 的业务可靠性保证。

二、主要业务需求指标

基于业务场景，可以进一步梳理 5G 在功能性能方面的业务需求。

移动互联网主要面向以人为主体的通信，注重提供更好的用户体验。面向未来，超高清、3D 和浸入式视频业务的流行将会驱动数据速率大幅提升，例如 8K（3D）视频经过百倍压缩之后传输速率仍需要大约 1Gbps。增强现实、云桌面、在线游戏等业务，不仅对上下行数据传输速率提出挑战，同时也对时延提出了"无感知"的苛刻要求。未来大量的个人和办公数据将会存储在云端，海量实时的数据交互需要可媲美光纤的传输速率，并且会在热点区域对移动通信网络造成流量压力。社交网络等 OTT（Over – The – Top）业务将会成为未来主导应用之一，小数据包频发将造成信令资源的大量消耗。未来人们对各种应用场景下的通信体验要求越来越高，用户希望能在体育场、演唱会等超密集场景，高铁、地铁等高速移动环境下也能获得一致的业务体验。

物联网主要面向物与物、人与物的通信，不仅涉及普通个人用户，也涵盖了大量不同类型的行业用户。物联网业务类型非常丰富多样，业务特征也差异巨大。对于智能家居、智能电网、环境监测、智能农业和智能抄表等业务，需要网络支持海量设备连接和大量小数据包频发；视频监控和移动医疗等业务对传输速率提出了很高的要求；车联网和工业控制等业务则要求毫秒级的时延和接近 100% 的可靠性。另外，大量物联网设备会部署在山区、森林、水域等偏远地区以及室内角落、地下室、隧道等信号难以到达的区域，因此要求移动通信网络的覆盖能力进一步增强。为了渗透到更多的物联网业务中，5G 应具备更强的灵活性和可扩展性，以适应海量的设备连接和多样化的用户需求。

无论是移动互联网还是物联网，用户在不断追求高质量业务体验的同时也在期望成本的下降。同时，5G需要提供更高和更多层次的安全机制，不仅能够满足互联网金融、安防监控、安全驾驶、移动医疗等的极高安全要求，也能够为大量低成本物联网业务提供安全解决方案。此外，5G应能够支持更低功耗，以实现更加绿色环保的移动通信网络，并大幅提升终端电池续航时间。

5G需要具备比4G更高的性能，支持0.1—1Gbps的用户体验速率，100万/km^2的连接数密度，毫秒级的端到端时延，数十Tbps/km^2的流量密度，每小时500km以上的移动性和数十Gbps的峰值速率。其中，用户体验速率、连接数密度和时延为5G最基本的三个性能指标。同时，5G还需要大幅提高网络部署和运营的效率，相比4G，频谱效率提升5—15倍，能效和成本效率提升百倍以上。

三、5G基础设施运营需求

除了性能要求提升以外，目前的4G移动通信系统在应对移动互联网和物联网爆发式发展时，主要面临以下问题：能耗、每比特综合成本、部署和维护的复杂度难以高效应对未来千倍业务流量增长和海量设备连接。

另外，多制式网络共存造成了复杂度的增长和用户体验下降；现网在精确监控网络资源和有效感知业务特性方面的能力不足，无法敏捷地满足未来用户和业务需求多样化的趋势；此外，无线电频谱从低频段到高频段跨度很大，传播特性、系统带宽等特性各异。应对这些问题，需要提升 5G 系统部署和运维能力，以实现可持续发展。

在网络建设和部署方面，5G 需要提供更高网络容量和更好覆盖，同时降低网络部署、尤其是超密集网络部署的复杂度和成本；5G 需要具备灵活可扩展的网络架构以适应用户和业务的多样化需求；5G 需要灵活高效地利用各类频谱，包括低频段（3GHz 以下）、中频段（3—6GHz）和毫米波频段（24—71GHz）；另外，5G 需要具备更强的设备连接能力来应对海量物联网设备的接入。

在运营维护方面，5G 需要改善网络能效和比特运维成本，以应对未来数据迅猛增长和各类业务应用的多样化需求；5G 需要降低多制式共存、网络升级以及新功能引入等带来的复杂度，以提升用户体验；5G 需要支持网络对用户行为和业务内容的智能感知并做出智能优化；同时，5G 需要能提供多样化的网络安全解决方案，以满足各类移动互联网和物联网设备及业务的需求。

第三节 5G 的定位与意义

5G 不仅仅是当前代表性、引领性的网络信息技术，无线通信将有望在第五代的窗口期进入通用技术殿堂，实现万物泛在互联和人机深度交互，成为支撑全球实体经济和产业高质量发展的关键信息基础设施。

一、5G 上升成为通用技术

印刷机、互联网、电力、蒸汽机、电报等发现或发明都曾是驱动社会经济发展变革的通用技术。通用技术通过在多个行业中得到广泛采用，成为转型变革的催化剂，这些变革重新定义工作流程并重塑经济竞争优势规则。

5G 著名国际咨询公司马基特（IHS Markit）认为，5G 将是推动移动通信技术进入通用技术专属领域的催化剂。随着 5G 技术不断发展并支持大量终端、机器和流程，无线通信将有望进入通用技术殿堂。数字移动技术已从使人与人互联逐步演进到使人与数据互联，并从主要用于面向消费和企业用例，开始真正从根本上变革经济体的工业或公共部门。在孵化期之后，通用 5G 技术迎来应用的爆发，为各个行业和整个经济带来颠覆性的变革。5G 将带来长期且持续的改进并且能够催生新的创新，对广泛行业产生深远且持久的影响，可重新定义经济竞争力并改变社会——积极影响人和机器的生产力到最终提升全球人民的生活水平。

IHS Markit 在《5G 经济：5G 技术将如何影响全球经济》的研究中，重点预测了 2035 年时 5G 的经济影响力：

1. 到 2035 年，5G 将在全球带动 12.3 万亿美元经济产出。这几乎相当于所有美国消费者在 2016 年的全部支出，并超过了

2016 年中国、日本、德国、英国和法国的消费支出总和。

2. 到 2035 年，全球 5G 价值链将创造 3.5 万亿美元产出，同时创造 2200 万个工作岗位。上述数字超过了今天整个移动价值链的价值。

3. 5G 价值链平均每年将投入 2000 亿美元，持续拓展并增强网络和商业应用基础设施中的 5G 技术基础；上述数字几乎相当于 2014 年美国联邦、州和地方政府在交通运输基础设施方面支出总和的一半。

4. 此外，5G 部署将支持全球实际 GDP 的长期可持续增长。在 2020 年至 2035 年间，5G 对全球实际 GDP 增长的贡献预计将相当于一个与印度同等规模的经济体。

二、5G 是推动经济高质量发展的重要支撑

移动通信技术每 10 年演进升级、代际跃迁。每一次技术进步，都极大地促进经济社会发展。我国移动通信产业从 2G 起步，从 2G 到 3G、4G，中国以极高的速度实现移动通信的普及，语音到数据业务的转变、以及窄带到宽带通信的跃升，促进了移动互联网的全面繁荣发展。5G 具备超高带宽、超低时延、超大规模连接数密度的移动接入能力，其能力远远超过 4G 已知的范畴，在支撑经济高质量发展中必将发挥更加重要的作用。

发展 5G 有利于提升我国产业链水平。与 4G 相比，5G 的高速率、高可靠、大连接、低功耗等性能，对元器件、芯片、终

端、系统设备等都提出了更高要求，将直接带动相关技术产业的进步升级。而且，我国具有全球规模最大的移动通信市场，5G 商用将形成万亿级的产业规模，有利于推动核心技术攻关突破和带动上下游企业发展壮大，促进我国产业迈向全球价值链中高端。

发展 5G 有利于形成强大国内市场。5G 商用将创造更多适应消费升级的有效供给，催生全息视频、浸入式游戏等新模式新业态，让智能家居、智慧医疗等新型信息产品和服务走进千家万户，推动信息消费扩大升级。根据中国信息通信研究院测算，2020—2025 年，我国 5G 商用带动的信息消费规模将超过 8 万亿元，直接带动经济总产出达 10.6 万亿元。

发展 5G 有利于传统产业转型升级。与 4G 相比，5G 应用场景从移动互联网拓展到工业互联网、车联网、物联网等更多领域，能够支撑更大范围、更深层次的数字化转型。5G 与实体经济各行业各领域深度融合，促进各类要素、资源的优化配置和产业链、价值链的融会贯通，使生产制造更加精益、供需匹配更加精准、产业分工更加深化，赋能传统产业优化升级。欧盟将 5G 视为"数字化革命的关键使能器"。

三、5G 赋能实体经济高质量发展

以 5G 为代表的网络信息技术覆盖面广、渗透性强、带动作用强，有助于催化经济发展质量变革、效率变革、动力变革，

助力我国经济从高速增长转向高质量发展。2019年6月6日，工业和信息化部向四大运营企业发放了5G商用牌照，这表示我国5G网络建设与应用发展将进一步加速，也标志着5G商用给实体经济提质带来重要机遇。

加快网络建设，夯实高质量发展新基础。努力建成覆盖全国、技术先进、品质优良、全球领先的5G精品网络，构建新型信息大动脉。统筹5G网络建设保障措施，将站址、机房、管道等信息基础资源纳入城乡规划，推动路灯、信号灯、电线杆等公共基础设施开放共享，推动地铁、机场等公共场所为网络部署预留足够的基础资源，切实提升城市综合基础设施水平。

推进技术创新，增强高质量发展新动力。聚焦5G产业链的突出短板和关键环节，抓好以需求为导向、企业为主体的产学研用一体化创新机制建设，推动更多创新要素投向核心技术攻关，进一步增进原创性创新技术攻关。以5G泛终端带动核心器件技术进步，加快面向行业应用的5G终端、网络、平台、系统集成等领域的研发和产业化，发展壮大5G产业集群。

深化融合应用，拓展高质量发展新空间。5G应用蓝海是在人与物、物与物之间的通信。探索5G在工业互联网、车联网、现代农业、智慧能源等领域应用突破，促进传统产业数字化、网络化、智能化转型。推动5G在教育、医疗、养老等公共服务领域深度应用，提升城市治理信息化水平。

四、5G触发经济社会深刻变革

1. 数字经济成为拉动经济增长的主要动能。数字经济是继农业经济、工业经济之后的主要经济形态，已成长为促进经济转型、调整经济结构、引领经济增长的新动能，发展数字经济成为全球共识。在经济从高速增长向高质量发展加速转变的新阶段，中国高度重视数字经济发展，积极推进数字产业化、产业数字化，充分释放数字对经济发展的放大、叠加、倍增效应，推动经济发展质量变革、效率变革、动力变革。中国数字经济占GDP比重已从2013年的23%提升到2018年的35%，预计到2030年将超过50%。随着5G的到来，信息通信业作为推动数字经济发展中坚力量的地位将更加凸显，也将迎来更加广阔的发展空间。

2. 信息通信技术融合应用成为产业转型升级的核心引擎。当前，信息通信技术已经由过去的单点突破进入到协同推进、群体性演变的爆发期，正在从助力经济发展的基础动力向引领经济发展的核心引擎加速转变。特别是以5G为代表的新型信息通信技术呈现出融合速度加快、迭代周期缩短的趋势，逐步由消费侧普及应用向生产侧全面扩散。5G渗透性强、带动作用明显，通过与人工智能、物联网、云计算、大数据、边缘计算等新型信息通信技术融合创新，将引发链式变革、产生乘数效应，驱动传统产业研发设计、生产制造、管理服务等全方位变革，实现以信息流串联的人流、物流、资金流的融通汇聚、高效协同，使生产制造更加精益、供需匹配更加精准、产业分工更加精细。

3. 科技创新成为构筑企业竞争优势的关键支撑。随着人口红利、资源红利的逐步消失，依靠要素驱动的传统发展模式已难以赢得市场，商业竞争正在从"要素"竞争向"要素＋能力"竞争加速转变，而科技创新能力正在成为企业构筑竞争优势的关键能力。当今世界的一流企业都是通过强化科技创新构建了核心能力，在激烈的市场竞争中脱颖而出，实现了资产效益的明显提升。5G 时代，只有依托新型信息通信技术的引领驱动作用，持续增强自主核心能力，加快实现数字化转型，提升全要素生产率，才能在未来商业竞争中赢得主动、赢得优势。

4. 数字生活占人民群众日常生活的比重进一步提高。经过多年的发展，广大人民群众的基本通信需求已经得到满足，突入其来的新冠肺炎疫情以一种"危机"的极端方式迫使人们改变传统的产业思维模式，重新审视数字化转型的紧迫性与可行性。根据麦肯锡公司的测算，疫情时期线上消费每增加 1 个单位中，39% 为新增需求。新增需求不断影响现有业态，同时也激发大量创新业态，促进生产生活朝着数字化、智能化方向发展。中国近几年鼓励数字经济发展在此次防疫抗疫中得到了回报。5G 等信息技术将深刻改变办公、居家、出行等工作生活方式，催生虚拟办公、全屋智能、无人驾驶等新型智能化应用，进一步丰富消费场景、激发消费潜能，促进信息通信服务从规模经营向基于规模的价值经营加速转变，逐步实现引领需求、创造需求。

第四节　全球 5G 发展进程

一、5G 战略布局在全球范围积极开展

世界主要先进国家均将 5G 作为优先发展的战略领域，从技术预研阶段便给予高度重视，随着 5G 技术不断成熟，标准推进不断深入和商用进程逐渐展开，各国政府纷纷从顶层设计出发，结合自身实际情况密集出台了相关战略政策和专项项目，针对本国 5G 产业发展的重点领域和主要方向进行战略部署，积极发展 5G 网络和技术，力争在 5G 领域赢得先机。

（一）美国

美国是最早提出并系统实施 5G 国家战略的发达国家，并逐步将 5G 的战略意义提高到国家安全层面。对内采用政府幕后操控，私营部门主导，强化 5G 频谱统筹与商用部署；对外广泛开展标准化合作，力求构建并掌控 5G 战略同盟。

2012—2013 年为科研孵化期，这一阶段由高校和科研组织组织，依托美国国家科学基金会（NSF）的科研经费开展研发。例如，2012 年 7 月，美国纽约大学理工学院成立由政府和企业组成的 5G 研究联盟。NSF 为其提供 80 万美元资助金，为合作企业提供 120 万美元研发资助。2013 年开始美国宽带无线接入技术与应用中心（BWAC）开展 5G 项目研发，经费来源包括

NSF 的 160 万美元与产业界提供的 400 万美元专项资金。

2015—2016 年为资源导入期，美国联邦通讯委员会（FCC）启动 5G 频谱分配方案的研究，运营商发布 5G 商用计划，对产业进行先期引导。

2015 年 4 月，FCC 为公众无线宽带服务（CBRS）在 3.5 GHz 频段提供 150MHz 的频谱，建立 3 层频谱共享接入体系监管模式并允许进行试验。8 月，美国采用脚注的方式划分了 2 阶段 470—698MHz 所谓的"数字红利频段"为 IMT 系统使用。当年 9 月，美国移动运营商威瑞森（Verizon）公司宣布，将从 2016 年开始试用自研 5G 方案，2017 年美国部分城市全面商用。

2016 年 7 月，FCC 全球首发国家 5G 频谱规划，包括三个许可频段和一个新的非许可频段。白宫同月宣布由 NSF 启动"先进无线通信研究计划"（PAWR），投资 4 亿美元支持 5G 无线技术研究，以保持美国在无线技术领域的领先地位。11 月，FCC 发布新的频谱规划，批准将 24.25—24.45GHz、24.75—25.25GHz 和 47.2—48.2GHz 频段共 1700 MHz 频谱资源用于 5G 业务发展。

2017—2018 年为标准合作期，通过行业组织广泛开展标准化合作，实现美国在标准进程中的话语权和掌控力。

2017 年，5G Americas 和韩国 5G forum（论坛）签署合作备忘录，并与欧盟 5G PPP、日本 5GMF 以及中国 IMT‑2020（5G）推进组等全球机构进行 5G 合作。12 月，FCC 发布废除"网络中立"政策，旨在"通过消除制度障碍鼓励电信业积极创新"，解决美国迅速部署覆盖全国的 5G 网络资金来源问题。2017 年底白宫发布《美国国家安全战略》，将 5G 网络作为美国的首要行动之一。FCC 推动 5G 向精准农业、远程医疗、智能交通等领域渗透。

2018 年初，美国电话电报公司（AT&T）宣布年底之前在美国 12 个城市推出 5G 网络商用服务。8 月，白宫管理与预算办公室发布《2020 财年政府研究与开发预算优先事项》备忘录，将 5G 作为 2020 财年八大研发优先领域之一。9 月，FCC 发布"5G 推进计划"，包括三个关键的解决方案。10 月，美国总统签署制定《美国未来可持续频谱发展战略》总统备忘录，要求美国商务部制定长期全面的国家频谱战略。美国运营商以往在部署无线设备时，通常需要获得地方、州政府的批准，并遵守FCC 的规定。选址审查等烦琐的无线设施部署程序已成为 5G 网络建设和发展的障碍。FCC 连续实施了多项改革，大大降低了5G 基础设施选址、行政审批方面的制度。2018 年 4 月，美国政府批准 T－Mobile 和 Sprint 合并，合并后的新公司未来 3 年投入400 亿美元建设 5G 网络。

从 2019 年开始，美国进入产业监管期，政府更是将 5G 基础设施提升到了国家安全的高度。2019 年，FCC 进一步宣布，将成立一个规模 204 亿美元的乡村数字机遇基金，用于未来 10年投入到乡村宽带网络建设中去。

2018 年 12 月，美国国际战略研究中心发布《5G 将如何塑造创新和安全》报告，指出 5G 技术将对未来几十年的国家安全和经济产生影响。2019 年 4 月，美国国防部国防创新委员会发布《5G 生态系统：对美国国防部的风险与机遇》报告，介绍 5G 发展历程和现状，并为美国国防部提出重要建议，包括共享频段、重塑 5G 生态系统、调整贸易战略、强化美国科技知识产权、发展 5G 以外的通信技术等。4 月，美国总统发表美国 5G 部署战略讲话，宣布"5G 竞赛是一场美国必须要赢的比赛"。2020 年 3 月 23 日，白宫发布《美国 5G 安全国家战略》（National Strategy To Secure 5G of the United States of America），正式制定了美国保护第五代无线基础设施的框架，提出加快美国 5G 国内部署、评估确定 5G 基础设施核心安全原则、解决 5G 全球研发和部署中对美国经济和国家安全的风险、推动负责任的 5G 全球开发和部署四项战略措施。

（二）欧盟及各成员国（含英国）

欧盟 5G 战略整体举措有较强的实用性与保守性。主要战略特征表现在：高度重视 5G 网络安全，要求各国评估相关风险；注重成员国内部合作，推动瑞典、挪威、丹麦、芬兰和冰岛"北欧五国"5G 互联；根据实际需求注重垂直行业的工业级别应用，由英、法、德等国推行 5G 与工业 4.0 的应用探索。

2012 年 9 月，欧盟启动"5G NOW"研究课题，主要面向 5G 物理层的技术研究，例如德国德累斯顿工业大学成立 5G 无线通信系统专门实验室。11 月，欧盟投资 2700 万欧元预算，召集包括 5 家通信设备厂商以及 5 家电信运营商在内的 26 个成员启动名为"构建2020年信息社会的无线通信关键技术"（METIS）的5G科研项目。2013年2月，欧盟宣布将拨款5000万欧元，加快5G技术发展，计划到2020年推出成熟的标准。欧洲议会和理事会（EU）持续发布相关指令，加速5G研发，以实现建立连接欧洲的设施的目标。

2014年1月，欧盟启动"5G公私合作伙伴关系"（5G PPP）项目，总预算14亿欧元，当时计划在2020年前开发5G技术，到2022年正式投入商业运营。

2015年3月，欧盟数字经济和社会委员会正式公布欧盟5G公司合作愿景，力求确保欧洲在下一代移动技术全球标准中的话语权。7月，欧盟"地平线2020"（Horizon 2020）框架5G旗舰项目5G PPP宣布项目第一阶段正式启动，该事件标志欧洲5G研究达到一个新的里程碑。

2016年9月，欧盟委员会正式公布《欧洲5G：行动计划》（5G for Europe：An Action Plan），以加强到2020年欧洲数字化单一市场5G基础设施和服务推广工作的投资，相对应地，德国启动"德国5G网络倡议"，首次提出一系列快速完善5G基础设施的措施。11月，欧盟委员会无线频谱政策组（RSPG）发布欧洲5G频谱战略，明确提出3400—3800MHz频段将作为2020年前欧洲5G部署的主要频段，1GHz以下700MHz将用于5G广覆盖。

2017年6月，由欧盟委员会资助，18家公司组成欧洲新5G联盟5G－Transformer，专注5G网络切片，利用软件定义网络和网络功能虚拟化、业务流程和分析功能，支持各种垂直行业。6
月，欧盟 5G PPP 第二阶段项目启动，在参选的 101 个新项目中
有 21 个项目入选。12 月，欧盟确立 5G 发展路线图（德国联邦
交通和数字基础设施部 7 月发布《德国 5G 战略》，制定新的 5G
网络发展框架，法国政府 2018 年发布本国 5G 发展路线图），包
括主要活动及其时间框架。欧盟就协调 5G 频谱的技术使用和目
的以及向电信运营商分配的计划达成一致，同意到 2025 年将在
欧洲各城市推出 5G 的计划。

2018 年 6 月，瑞典、挪威、丹麦、芬兰和冰岛五国首相联
合发布 5G 合作宣言，确定在信息通信领域加强合作，推动北欧
五国成为世界上第一个 5G 互联地区。7 月，欧洲 5G 研究计划
5G PPP 正式启动第三阶段的研究。12 月，欧洲多个大城市开展
代号"烈焰"的 5G 应用场景实测，主要聚焦垂直应用的媒体
服务。

2019 年 3 月，欧盟委员会公布 5G 网络安全法律建议，以
保证欧盟范围内 5G 网络的高度安全性。具体包括要求欧盟成
员国在当年 7 月 15 日前向欧盟委员会与欧盟网络安全局提交相
关风险评估报告，在 10 月前完成欧盟整体网络安全风险评估，
并于 12 月 31 日前最终制定可行的风险应对措施等。4 月，欧
盟报告《5G 挑战、部署进展及竞争格局》发布。报告系统检
视 5G 商业模式、技术、挑战以及在欧洲、美国、亚洲的部署
进展，并从欧洲如何提高竞争力的角度给出建议。德国正式启
动 5G 频谱的拍卖工作，多家欧洲电信运营商参与竞标。奥地

利电信管理局公布首批 3.4—3.8GHz 的 5G 频段拍卖结果，7 家公司中标，拍卖额共计 1.88 亿欧元，较政府预算多出 1.38 亿欧元。

英国政府在 5G 方面的投入也非常积极，2017 年是发力的关键时间点。

2012 年 10 月，英国建立 5G 网络研发中心。11 月，英国信息通信管理局宣布为移动运营商释放 700MHz 频段的频谱。

2017 年 1 月，英国政府向 5G 研究机构拨 1600 万英镑，建立"5G 创新网络"，以实现其"成为世界上第一批使用 5G 的国家"的愿望。2 月，英国电信监管机构 Ofcom 发布关于分配 5G 服务频谱的最新进展报告，支持 26GHz 频段作为全球统一的"优先频段"。3 月，英国文化、媒体与体育部（DCMS）和财政部联合发布《下一代移动技术：英国 5G 战略》，旨在尽早利用 5G 技术潜在优势，塑造世界领先数字经济，确保英国领导地位。10 月，作为《数字战略》划定 10 亿英镑预算电信基础设施基金的一部分，英国宣布投入 2500 万英镑，探索 5G 商业模式、服务和应用，重点支持 5G 生态系统建设。11 月，英国政府发布《英国数字战略 2017》，旨在 2020 年前实现全国范围的 4G 网络覆盖和超高速宽带，并投资十亿英镑用于发展下一代数字基建，包括全光纤网络和 5G 网络。

2018 年 3 月，英国政府正式启动首轮 5G 频谱拍卖程序，宣布分配 2500 万英镑资助 6 个 5G 试验项目。10 月，英国首个 5G

试验网络在金丝雀码头（Canary Wharf）启用。电信公司 BT/EE 在 Ofcom 拍卖中赢得的 3.4GHz 频谱。10 月，沃达丰宣布将于 2019 年在英国各大城市及农村地区全面推出 5G 服务，而不仅限于人口密集的城市地区，并预计到 2020 年，约有 1000 个 5G 移动站点投入使用。

2019 年 5 月，英国电信运营商 EE 公司正式在伦敦、卡迪夫、爱丁堡、贝尔法斯特、伯明翰及曼彻斯特 6 个英国主要城市开通 5G 服务。7 月，电信运营商沃达丰在英国的 7 座城市推出 5G 商用服务。

（三）韩国、日本

韩国 5G 商用化起步迅速，借助平昌冬奥会搭建世界上第一个 5G 实验网，并成为全球首个启用民用 5G 网络的国家。通过快速建网、推广应用实现市场目标，注重利用 VR/AR 以及在线游戏等新型内容资源，结合多种应用场景持续发展。

2013 年 5 月，三星电子宣布，成功开发 5G 核心技术，预计将于 2020 年开始推向商业化。该技术可在 28GHz 超高频段以每秒 1Gbps 以上的速度传送数据。6 月，韩国 5G 论坛（5G Forum）推进组成立，提出 5G 国家战略和中长期发展规划，并负责研究 5G 需求，明确 5G 网络、服务的概念等。

2014 年 1 月，韩国未来创造科学部发布以 5G 发展总体规划为主要内容的"未来移动通信产业发展战略"，为培育"5G + 战略"产业，韩国政府将投入 6500 亿韩元（约合 5.3 亿美元）预算资金，挖掘和推广融合服务，加快监管创新和成果产出，同时建立定期检查的评估体系。该草案从建立设备领域的市场地位、支持基础产业和技术发展三方面阐述了2020年主要推进内容，决定在2020年推出全面5G商用服务。5月，韩国政府设立由公立及私营部门、电信服务商和制造商代表、专家组成的5G论坛，推动5G标准化及全球化。5月，三星演示5G系统，在28GHz的宽带中实现1Gbps的速率。

2017年4月，韩国电信（KT）和爱立信以及其他技术合作伙伴宣布就2017年进行5G试验网的部署和优化的步骤和细节达成共识，包括技术联合开发计划等。

2018年2月，在平昌冬奥会期间，韩国实验性地推出5G服务。由KT联手爱立信、三星、思科、英特尔、高通等产业链各环节公司全程提供5G网络服务，成为全球首个5G大范围准商用服务。12月，韩国三大运营商KT、SK Telecom与LG U＋同步在部分地区推出5G服务，成为全球首个5G商用国家。韩国政府要求3家运营商共享站点资源、站址和铁塔，共担物业费等。随着政府倡导的推动，运营商进一步承诺共享现有的管道、光纤光缆和电线杆等资产，用于5G初期部署。此外，运营商还承诺共同建设5G网络基础设施，包括沙井、管道等在内的线路设施，以及基站和天线等无线设施。

2019年2月，韩国公布《5G应用战略推进计划》，致力于建设基础环境，包括提前分配5G频段，为新建5G网络减税等。2月，SK TELECOM向国际电联提交2项与量子保密通信相关的新技术，获得国际标准化项目的立项，将通过量子保密通信技术的发展以及应用扩展。4 月，韩国 KT、SK Telecom、LG Uplus 正式开启 5G 手机服务，成为全球首个启用民用 5G 网络的国家。4 月，韩国发表"5G + 战略"，预计到 2022 年建成全国 5G 网络。战略选定五项核心服务和十大"5G + 战略产业"。韩国政府拨款 30 万亿韩元（约 1744 亿元人民币）发展 5G 网络服务，同时，将一些国家政策型项目留给运营商做，比如依托 5G 大力发展的自动驾驶和数字医疗服务等，并支付大量的补贴。以首尔为例，其市政府将投入 254 亿韩元（约 1.48 亿元人民币）与 SK Telecom 合作建设首尔智能交通系统。

日本在公用 5G 网络部署方面略显落后于其他主要发达国家，在发展战略上重视专用 5G 网络的发展，根据本地需求使用 5G 构建相对较小范围的通信系统的"本地 5G"，关注制造业的落地应用。以东京奥运会实现 5G 大规模商用部署为目标，但总体发展略显落后于其他主要发达国家，力争通过"后 5G"战略强化未来竞争力。

2013 年 10 月，日本无线工业级商贸联合会（ARIB）建立 5G 特设工作组"2020 & Beyond Ad Hoc"，主要任务是研究 2020 年及以后移动通信服务、系统概念和主要技术。

2014 年 5 月，日本电信营运商 NTTDoCoMo 宣布将与 Ericsson、Nokia、Samsung 等 6 家厂商合作，测试高速 5G 网络。预计，在 2015 年展开户外测试，于 2020 年开始运作。9 月，日本 5G 移动论坛（5GMF）成立，以推动 5G 的研究和发展，协调各组织的 5G 工作，提升 5G 的普遍认知。

2015 年 11 月，日本电信营运商 NTT DoCoMo 与诺基亚网络共同实施 5G 技术实验，在实际商业设施内以 70GHz 频带接收信号。

2016 年，日本内政和通信部发布战略文件《2020 年实现 5G 的无线电政策》，展示对 5G 的承诺和部署。日本总务省成立 5G 研究组，讨论 5G 最新政策。为配合 2020 年东京奥运会，三大无线通信运营商 NTT DoCoMo、Softbank 以及 KDDI 计划在东京都中心城区等区域率先提供 5G 服务。9 月，日本软银启动 5G 项目 "5G Project"，成为全球第一家商用 Pre5G Massive MIMO 的运营商。

2018 年 7 月，日本总务省公布以 2030 年为设想的频谱利用战略方案。作为将在 2030 年实现的革命性频谱系统之一，日本提出 "超越 5G"。8 月，日本总务省宣布将在 2019 财年开始研究和开发新的电信标准，并在 2025 年左右使 "后 5G" 标准实现商业化。11 月，KDDI 公司宣布计划于 2019 年启动有限范围的 5G 服务，2020 年全面推出 5G 服务，以支持即将到来的东京奥运会和残奥会。

2019 年 4 月，日本总务省交付开设 5G 基站的认定书，把 5G 信号频段分配给 4 家公司，包括 NTT Docomo、KDDI、软银三大手机运营商以及新玩家乐天。

二、中国跻身 5G 发展前沿

中国政府高度重视 5G 发展，将 5G 作为优先发展的战略领域。早在 2013 年，工业和信息化部、国家发展和改革委员会、科技部支持产业界成立了 IMT - 2020（5G）推进组，组织移动通信领域产学研用单位共同开展技术创新、标准研制、产业链培育及国际合作。在各方共同努力下，我国 5G 发展取得明显成效，创新发展成果全球瞩目。

在政策引导方面，从中央政府，到工业和信息化部，再到地方积极作为，通过政策引导支持 5G 相关基地建设部署，培育 5G 技术应用场景进行培育，加大 5G 技术研发力度和构建 5G 安全保障体系。例如，2016 年 12 月，国务院印发《"十三五"国家信息化规划》，提出"到 2020 年，5G 技术研发和标准制定取得突破性进展并启动商用"的发展目标。同月，工业和信息化部发布《信息通信行业发展规划 2016—2020》，提出支持 5G 标准研究和技术试验，推进 5G 频谱规划，启动 5G 商用。成为 5G 标准和技术的全球引领者之一。2017 年 11 月，工业和信息化部在国际上率先发布 5G 中频段频率使用规划。2018 年 12 月，工业和信息化部向中国电信、中国移动、中国联通 3 家基础电信运营企业颁发了全国范围内 5G 中低频段试验频率使用许可，创造性地提出增加 2.6GHz 低频段 5G 频率资源供给的方案，在全球率先实现了为 3 家电信运营企业至少各许可连续 100MHz 带宽频率资源。2019 年，工业和信息化部发布《"5G＋工业互联网"512 工程推进方案》，首次明确要求提升"5G＋工业互联网"技术产业能力、资源供给能力和应用创新能力。

表1—2 中国5G政策汇总

时间	政策部门	政策/会议名称	政策内容
2020年11月3日	中共中央	《中共中央关于制定国民经济和社会发展第十四个五年规划和二〇三五年远景目标的建议》	系统布局新型基础设施,加快第五代移动通信、工业互联网、大数据中心等建设。
2020年4月1日	工业和信息化部	《工业和信息化部关于调整700MHz频段频率使用规划的通知》	将700MHz频段部分频率调整用于移动通信系统,为5G发展提供宝贵的低频段频谱资源。
2020年3月24日	工业和信息化部	《工业和信息化部关于推动5G加快发展的通知》	加快5G网络建设进度、加大基站站址资源支持、加强电力和频率保障、推进网络共享和异网漫游。
2020年3月13日	发改委等23部委	《关于促进消费扩容提质加快形成强大国内市场的实施意见》	加快5G网络等信息基础设施建设和商用步伐。
2020年3月4日	中共中央	中共中央政治局常务委员会	加快5G网络、数据中心等新型基础设施建设进度。
2019年12月1日	国务院	《长江三角洲区域一体化发展规划纲要》	到2025年,5G网络覆盖率达到80%,基础设施互联互通基本实现。
2019年11月19日	工业和信息化部	《"5G+工业互联网"512工程推进方案》	提升"5G+工业互联网"网络关键技术产业能力、创新应用能力、资源供给能力,加强宣传引导和经验推广。
2019年6月6日	发改委	《推动重点消费品更新升级畅通资源循环利用实施方案(2019—2020年)》	加快推进5G手机商业应用。
2019年5月8日	工业和信息化部、国资委	《关于开展深入推进宽带网络提速降费 支撑经济高质量发展2019专项行动的通知》	指导各地做好5G基站站址规划等工作,进一步优化5G发展环境。继续推动5G技术研发和产业化,促进系统、芯片、终端等产业链进一步成熟。

时间	政策部门	政策/会议名称	政策内容
2018年10月1日	国务院	《完善促进消体制机制实施方案（2018—2020年)》	将进一步扩大和升级信息消费，加大网络提速降费力度，加快推进第五代移动通信（5G）技术商用。
2018年7月3日	工业和信息化部、发改委	《扩大和升级信息消费三年行动计划（2018—2020)》	提出加快5G标准研究、技术试验、推进5G规模组网建设及应用示范工程，确保启动5G商用。
2018年3月2日	政府报告	政府工作报告	对2018年内地在工业互联网、5G等科技发展做出了明确目标与规划。
2017年11月10日	工业和信息化部	《工业和信息化部关于第五代移动通信系统使用3300—3600MHz和4800—5000MHz频段相关事宜的通知》	明确了5G系统的工作频段，规定5G系统不得对同频段或邻频段内依法开展的射电天文业务及其他无线电业务产生有害干扰。
2017年3月1日	政府报告	政府工作报告	加快第五代移动通信技术研发和转化，做大做强虽产业集群
2017年1月2日	工业和信息化部	《信息通信行业发展规划2016—2020》	支持5G标准研究和技术试验，推进5G频谱规划，启动5G商用。到"十三五"末，成为5G标准和技术的全球引领者之一
2016年12月1日	国务院	《"十三五"国家信息化规划》	加决推进5G技术研究和产业化，适时启动5G商用，积极拓展5G业务应用领域
2016年8月1日	工业和信息化部等4部门	《智能制造工程实施指南》	初步建成ipv6和4G/5G等新代通信技术与工业融合的试验网络
2016年7月1日	中共中央、国务院	《国家信息化发展战略纲要》	到2020年，固定宽带家庭普及率达到中等发达国家水平，3G、4G网络覆盖城乡，5G技术研发和标准取得突破性进展

2020 年是 5G 发展的关键年份，中央政治局会议、国务院常务会议、中央政治局常委会等会议和相关文件多次强调"加快 5G 商用步伐"，充分体现了 5G 基建对于拉动新基建和经济增长的重要性和紧迫性。《中共中央关于制定国民经济和社会发展第十四个五年规划和二〇三五年远景目标的建议》明确指出要"统筹推进基础设施建设。构建系统完备、高效实用、智能绿色、安全可靠的现代化基础设施体系。系统布局新型基础设施，加快第五代移动通信、工业互联网、大数据中心等建设"。

在频率资源方面，5G 频谱资源是建设、发展 5G 系统的关键和前提条件。目前，我国主推的 3.5GHz 中频段频率已经成为全球产业界公认的 5G 商用主要频率，形成了 700MHz、2600MHz、3.5GHz、4.9GHz 4 个 5G 中低频段协同发展的良好局面。工业和信息化部为 5G 许可了总量达 770MHz 带宽的频率资源，频率使用总量及所发挥的社会效益和经济效益在国际上处于领先地位。

在标准制定方面，我国企业全面参与 5G 国际标准制定，加强 5G 国际合作，推动形成全球统一 5G 标准。我国提出的 5G 愿景、概念、需求等获得了国际标准化组织的高度认可，新型网络架构、极化码、大规模天线等多项关键技术被国际标准组织采纳。在全球共有 28 家企业声明了 5G 标准必要专利，我国企业声明专利数量占比达到 30%，5G 国际标准质量和数量大幅提升。

在产品研发方面，我国率先启动5G技术研发试验，组织华为、中兴、诺基亚、爱立信、高通等国内外企业构建了全球最完整的室内外一体化公共测试环境，分阶段有序推进相关测试工作，加快5G关键技术研究和系统、芯片研发进程。目前，华为、中兴等企业的中频段系统设备全球领先；华为海思率先发布全球首款5G基站核心芯片和多模终端芯片；华为、小米、OPPO、Vivo等终端企业已经推出商用手机。

在融合应用方面，积极推动5G在工业互联网、车联网、超高清视频、智慧城市等领域应用，加快推动5G应用产业发展。连续三年举办5G"绽放杯"应用征集大赛，发挥行业需求引领和企业创新主体作用，孵化一批5G特色应用助力5G商用发展。

第二章 5G 技术与标准化

第一节 5G 系统架构

为了满足 ITU 制定的 5G 三大应用场景技术指标，5G 采用了更先进、更灵活的无线传输与网络传输关键技术。

一、无线传输技术

5G 通过统一、灵活和可配置的空口技术框架，满足多样化场景，灵活系统设计、大规模天线及新型技术提升系统性能。

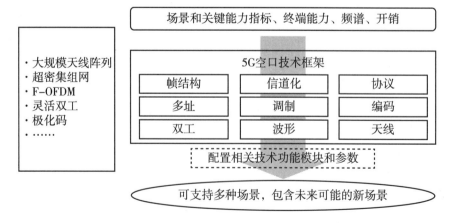

图 2—1 5G 无线系统架构

　　主要关键技术包括大规模波束赋形、超密集组网、新型编码调制、毫米波高频段通信、终端直通（D2D，Device to Device）等。其中大规模波束赋形通过数十到数百根天线实现单用户和多用户的空分复用，可以有效提升频谱效率5—10倍；超密集组网研究在热点地区提供超高速传输速率和容量的实现技术，通过新型接入网架构、干扰管理、承载管理等技术研究，可以提供百倍的超高流量密度；新型低密度校验（LDPC，Low Density Parity Check）码和极化（Polar）码可以为5G提供不同性能需求的多样化业务和部署场景下的可靠传输，并提升频谱效率；高频段提供超高带宽的频谱资源，通过波束的跟踪和管理，可以实现超高速传输和支持大容量业务；D2D是实现不同应用场景和需求的物联网业务的关键技术，通过终端间直接通信，使得传输形式更为灵活、降低传输时延，并能够与蜂窝网络形成异构层叠结构，提升系统容量。

二、网络技术

　　随着4G网络大规模部署，移动终端已经逐步成为人们接入互联网的主要方式。从业务需求上看，用户对移动网络的业务体验需求也在逐步提高，5G移动网络需要进一步提升移动带宽、降低通讯时延。工业数字化进程过程中，移动通信网络也承担着关键作用，为物联网和工业互联网提供可靠安全的连接能力，支撑各行各业的快速数字化转型和业务创新。

　　除了业务需求之外，独立扩容、技术发展和独立演进也是驱动网络架构发生变化的三个重要方面。基于网络虚拟化、云计算、软件定义网络、网络切片、边缘计算和人工智能为代表的一系列ICT（信息通信技术）演进技术逐渐成熟，为设计全新的5G核心网提供了必要的技术驱动力。

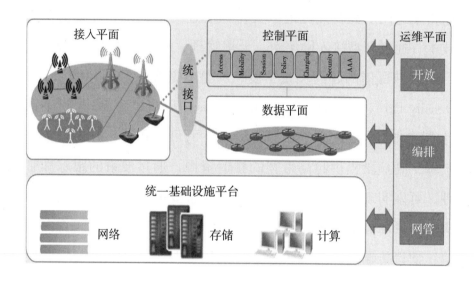

图2—2 5G网络架构

5G网络架构的设计需要遵循以下基本原则。

1. 功能模块化：5G的网络架构必须足够灵活，可以根据不同业务场景进行按需定制，因此模块化的设计方式是最合理的选择。功能模块化主要是将传统的网元进行功能解耦，比如移动性管理功能和会话管理功能，保证功能的独立维护和演进。

2. 接口服务化：在功能模块化的基础上，定义功能的服务化接口。接口服务化使得一个服务允许被多个消费者重用，从而减少了标准定义、开发和维护的工作量。

3. 控制和转发分离：控制面和转发面分离使得二者可以独立部署、升级和演进。控制面更适合集中部署集中维护，从而提高效率。转发面更适合分布式部署，从而降低时延和提高带宽。

4. 接入无关：5G 核心网是一个统一的融合核心网，为 4G、Wi‑Fi、物联网、固网等多种接入技术提供统一的网络接口。

第二节　5G 无线技术

NR 物理层信号传输框架以 4G LTE 为基础设计，支持 FDD 和 TDD 双工方式，下行采用 CP‑OFDM，上行支持 CP‑OFDM 和 DFT‑s‑OFDM 两种波形调制。但为支持多样的 5G 应用场景和业务，以及更大的候选频谱范围（100GHz 以内），其物理层设计体现出三个特点。

（1）支持灵活动态 TDD 双工方式为系统主要部署形式；

（2）围绕波束赋形的信号传输体系设计；

（3）支持多样性应用场景和业务的传输信号参数灵活配置。

一、物理层技术

（一）帧结构与 OFDM 参数设计

单一的子载波间隔无法满足 5G 系统的需求。这是由于 NR 需要支持 100GHz 以内的频谱范围，并且根据部署场景和支持的业务多样性，需要支持更多的子载波间隔，以对系统进行优化设计。为此，NR 支持 15、30、60、120 和 240kHz 的多种子载波间隔。

NR 支持基于时隙的资源调度。为了支持 URLLC（低时延高可靠性）等对时延敏感的业务，NR 也支持基于微时隙（Mini-slot）的调度。下行微时隙的长度可以是 2、4 或者 7 个 OFDM 符号，上行微时隙的长度则可以是 14 个 OFDM 符号以内的任意长度。

（二）灵活分级的带宽设计

NR 支持分级的多系统带宽设计，最小为 5MHz，最大为 100MHz（未来信息技术 Hz 以下频段）和 400MHz（未来信息技术 Hz 以上频段）系统带宽，目的是提供高速率的数据传输。同时，从终端节电和成本等考虑，NR 允许终端只工作在系统带宽的一部分，例如 20MHz。终端通过初始接入过程接入网络之后，网络可以通过专用信令为终端配置其工作的带宽部分（BWP，Bandwidth Part），每个终端最多可以配置 4 个 BWP，但是在任意时刻仅有 1 个 BWP 是激活的。除 RRM 测量之外，终端仅在 1 个激活的 BWP 上收发数据。终端支持的 BWP 个数以及 BWP 的带宽作为终端能力上报给网络，网络根据终端的能力进行配置。

（三）下行同步信道设计

NR 采用大规模天线技术有效克服了高频段（特别是毫米波频段）带来的覆盖受限难题：通过大规模天线的波束赋形增益，提升覆盖范围。在 4G LTE 系统中同步、广播等需要进行小区范围内广播传输的信号，一般都采用全向（或宽波束）传输，而业务信道通常采用窄波束宽度的赋形来提升信号传输速率和频谱效率。在高频段传输中，为了保证同步、广播等广播信道的信号能与业务信道的覆盖范围相匹配，同步等信号传输也需要采用波束赋形方式。由于波束赋形的波束宽度较窄，为了使小区内所有终端都能够接收到信号，采用一种称为波束扫描的过程来实现同步等广播信道发送。

（四）下行控制信道

下行控制信道（PDCCH）用于承载下行控制信令，主要包括上下行调度信令、上行功率控制命令等。NR PDCCH 信道的设计特点包括如下方面。

1. 灵活的资源配置。为避免类似于 LTE 的 PDCCH 在小区之间产生的恒定干扰，NR PDCCH 资源配置更加灵活，在频域上 PDCCH 仅占用部分带宽，不必占用所有带宽，从而可以支持小区间干扰协调，以及终端支持和使用不同带宽的情况。

2. 支持低时延业务。LTE 的 PDCCH 固定在每个子帧的前几个符号上，这意味着有紧急业务（如 URLLC）待发送的情况下，基站也只能等到下一个子帧才能传输 PDCCH，无法满足低时延业务的需求。NR 允许一个时隙的多个 OFDM 符号位置具有发送 PDCCH 机会，灵活的 PDCCH 发送位置与 Mini—slot 调度结合，可以有效地支持低时延业务。

3. 大规模天线传输。为与业务信道的覆盖范围相匹配，PDCCH 可利用大规模天线技术进行波束赋形传输。

二、大规模波束赋形技术

随着有源天线技术商业成熟度的提升，垂直维数字端口的开放与天线规模的进一步扩大逐渐成为可能。在这一背景之下，3GPP从R12阶段开始了针对3D信道与场景模型问题的研究，并在R13、R14及后续版本中对FD—MIMO技术进行了研究与标准化。自此，开启了大规模天线技术进入标准化发展的新篇章。随着5G时代的来临，面对诸多更加严苛的技术指标需求，大规模天线技术仍然被认为是5G系统中最重要的一项物理层技术。

随着天线规模的增大，以及高频段模拟波束的使用，使得大规模天线技术在发展过程中将面临一些新的挑战，下面重点介绍大规模波束赋形在标准化中信道测量机制、码本设计、信息反馈机制、波束管理流程以及导频的相关设计。

三、信道编码技术与设计

信道编码是现代通信系统用于对传输过程中错误进行前向纠错的有效手段。无线移动通信系统中，信号传输过程中受到慢衰落和快衰落影响，更容易出现错误。采用先进的信道编码技术能够满足不同业务对可靠传输需要，并提升频谱效率。

NR标准制定过程中，主要针对上下行控制信道及业务信道的信道编码方案进行研究和评估。在标准化讨论伊始，主要有LDPC码、Turbo码（LTE Turbo与增强方案）、Polar码、卷积码（LTE TBCC与增强方案）等候选方案。其中在业务信道编码方案的研究和选择过程中，Turbo码由于其内在的串行编译码特性，虽然做了一些提升并行化处理和降低译码复杂度的改进，无法实现5G超高速率、低时延的大容量数据传输，并在误码平层（error floor）性能方面存在短板，被 NR 放弃。NR 最终采用了 LDPC 这种具有天然并行化译码和良好的错误平层的信道编码方案。在控制信道方案的评估和分析中，Polar 码在低码率上相比于 Turbo 码和卷积码具有性能优势，因此被选为控制信道的编码方案。

四、高频段传输

NR 设计的目标用统一的空口支持 100GHz 以内的频段，因此前述 NR 物理层设计的各个方面均考虑了对高频段（毫米波频段）的支持。对毫米波频段的特殊考虑简要总结如下。

1. 帧结构方面：60kHz 和 120kHz 的子载波间隔的重要应用场景是毫米波频段。此外，微时隙调度也可以支持在一个时隙内用户间的 TDM 复用，克服模拟波束赋形带来的调度灵活度的问题。

2. 波束管理和波束恢复机制：专门针对毫米波频段的模拟波束赋形和混合波束赋形而设计。

3. PT－RS 设计：设计目的是跟踪和补偿相位噪声，因为相位噪声在毫米波频段有显著的影响。

4. 基于波束的下行同步信道和上行初始接入过程设计：为补偿毫米波频段的路径损耗，上下行的初始接入信道均设计了波束扫描的发送/接收机制，扩展覆盖范围。

五、超级上行

5G 超级上行是一种通过时频域复用聚合来提升上行覆盖和

容量的技术。在 4G 时代移动网络能力以下行流量为主。直到近几年，直播、网盘等业务对高速率的上行能力要求逐渐提升，后续车联网、无人机和工业生产现场需要多路 30Mbps 上传和 30ms 时延网络性能，面向 5G 时代，远程控制、远程医疗、智慧安防、智能工厂、视频直播等各种各样的 5G 应用都需上行低时延、大带宽能力来支撑，这也成为网络设计的新挑战。

终端以时分复用方式使用两个上行载波，同一时刻仅在一个载波上发送。通过超级上行技术，可以充分利用 3.5G 100M 大带宽和终端双通道发射的优势提升上行吞吐率，同时确保每个通道最大发射功率达到 23dBm，提升 3dB 覆盖。终端可利用低频 FDD 和高频 TDD 的上行资源，实现网络覆盖、容量性能的提升，以及更低的空口时延，全面满足 5G 时代应用对于更大上行流量和更低时延的需求。

第三节　5G 网络技术

对于 5G 核心网，标准化主要涉及服务化架构设计、核心网的服务功能单元，以及与移动性管理、会话管理、网络切片、QoS、语音业务等相关的内容。

一、服务化架构

区别于 4G 等传统的网络采用网元（或者是网络实体）来描述系统架构，5G 系统中引入了网络功能（NF，Network Function）和服务（Service）的概念。不同的 NF 可以作为服务提供者为其他 NF 提供不同的服务，此时其他 NF 被称为服务消费者。NF 之间的服务提供和消费之间的关系灵活：一个 NF 既可使用一个或多个 NF 提供的服务，也可以为一个或多个 NF 提供服务。服务化架构基于模块化、可重用、自包含的思想，充分利用了软件化和虚拟化技术。每一个服务为软件实现的一个基本网络功能模块，系统可以根据需要对网络功能进行编排，就像一块积木，需要时就可以添加到系统架构中，不需要时就移除，这使得网络的部署和演进非常的方便灵活，也有利于引入对新业务的支持。

5G 系统的非漫游场景的架构如图 2—3 所示。

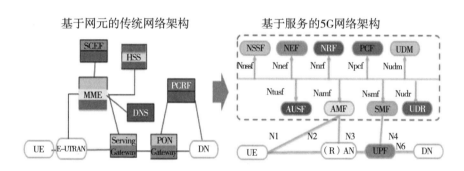

图2—3 5G 核心网架构

利用计算和存贮相互分离的思想，5G 核心网还引入了可选的网络功能 UDSF（Unstructured Data Storage Function），实现非结构化数据的存储，并为任意控制面的 NF 提供检索功能。例如，将 AMF 中 UE 上下文数据交由 UDSF 存储，其他的 AMF 也可以访问，并在必要时比如某 AMF 宕机时接管这些用户数据。这种分离不但提升了网络的鲁棒性，还天然地支持 NF 的虚拟化部署，如运行在虚拟环境中的 NF 可以按需调增或调减计算能力。

二、网络切片

网络切片是 5G 系统架构的关键特性之一，指为服务一个行业或者一类终端或者某些特定的场景，从一个 PLMN 中选取特定的特性和功能，定制出的一个逻辑上独立的网络。网络切片使得运营商可以部署功能、特性服务各不相同的多个逻辑网络，分别为各自的目标用户服务。目前定义了 3 种网络切片类型：eMBB、URLLC、MIoT。如图 2—4 所示，其中：终端同时从切片 1、切片 2 接收服务，切片 1 和 2 共享 AMF、PCF、NRF，单一的 AMF 特定 UE 的所有业务进行控制；终端的用户面服务可以从多个切片获得，比如分别通过切片 1 和 2，可以实现与数据网络 1 和 2 分别进行通信；切片 3 是由网络功能组成的单独的切片。

图 2—4 中的切片 1 和 2 虽然与公共的 AMF 等 NF 交互，但可根据业务需求，分别提供完全不同 QoS 的数据传输服务。

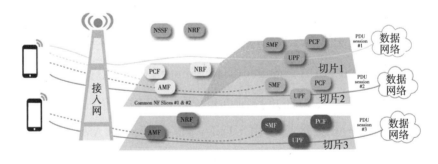

图 2—4　5G 网络切片部署示例

三、定制化移动性管理

5G 核心网对移动性管理的功能进行了增强，主要包括定制化的移动性管理和统一的非接入层协议等。

定制化的移动性管理能力可以根据不同用户的特点和部署场景，对用户进行定制化移动性管理和功能定制，如 AMF 可以根据终端的移动特点定制以终端为颗粒度的移动性管理功能，比如确定注册区域和相关定时器的时长等；移动性功能与应用层功能紧密结合，通过 PCF 实现移动性限制区域、UE 移动性相关策略的制定和下发等增强。

通过统一的非接入层协议，无论是 3GPP 接入还是非 3GPP 接入，都可以实现统一的移动性管理过程，简化了网络的移动性管理。

四、会话和业务连续性

为了满足多种数据业务（如支持 IP 报文、非结构化数据、以太网等）的数据传输需求，5G 网络需要实现灵活高效的用户面功能。

如图 2—5 所示，针对终端移动时的业务连续性需求，定义了 3 种会话和业务连续性模式。

1. 终端移动时，其 IP 锚点不变。适合 IMS（IP Multimedia Subsystem）话音等低中断时延要求的业务，也是 EPS 系统的唯一默认模式。

2. 也称"先断后建"，终端移动后会采用新的 IP 锚点，适合网页浏览等业务。

3. 也称"先建后断"，终端移动时保持旧的锚点，移动后获得新的 IP 锚点，此后根据需要断开旧的锚点；这种模式适合优化用户面路径，避免业务中断的业务，如某些视频播放业务等。

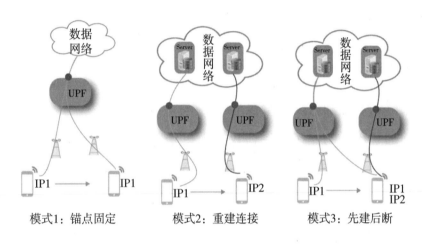

模式1：锚点固定　　　模式2：重建连接　　　模式3：先建后断

图2—5　3种会话和业务连续性模式

五、网络的演进与互通

5G 系统需求明确了 5G 网络不与 3G、2G 等网络之间进行互操作。同时，为了避免将 4G 网络中原有设计的不足或者"历史包袱"引入和影响 5G 核心网性能，采取了尽可能少地在 5G 和 4G 系统之间建立接口的设计原则。基于这个原则，4G 网络和 5G 网络的互通方法采用将 4G 接入网直接连接到 5G 核心网，而不像以往的新 4G 网络通过 3G 核心网节点连接 3G 的接入网的处理方式。4G 接入网同时也可以连接到 4G 核心网，为 4G 终端服务。

在 4G 和 5G 系统并存期间，为了实现数据业务的连续性，设计了"双注册"模式，即终端同时在 4G 和 5G 系统完成注册、鉴权等过程，这样做可以减少系统间切换的时延。虽然这种方法在某种程度上实现了数据业务的连续性，也不需要两个系统间引入接口，但是无法满足 IMS 话音业务对中断时间延迟的要求。为此，系统设计时不得不在 4G 和 5G 系统间间引入了消息接口，用于在切换时传递终端的上下文信息，特别是 PDU 会话的信息，在终端接入到目标系统前，目标网络为终端准备好用户面资源，以满足有较高连续性需求的业务的需要。

六、5G 话音业务

5G 系统可以采用基于 IMS 系统的 VoNR 技术或者话音回退到 4G 系统，通过 VoLTE 方式来支持语音业务。

对于 VoNR 功能，需要终端、接入网、核心网三者都支持相关功能时，VoNR 才能正常工作。接入网需要在无线信道环境中建立承载 IMS 话音 QoS Flow；核心网需要部署支持 IMS 系统的相关功能如支持系统间业务连续性，核心网与 IMS 系统间设立接口等。当接入网、核心网都支持 IMS 时，网络将指示终端当前系统支持 IMS 话音。

终端通过 NR 网络进行话音业务传输时，如 5G 接入网的信道质量能够满足终端发起建立 IMS 特定的 QoS Flow 的要求，则可以直接通过接入网进行呼叫，建立 VoNR 的业务连接；如果无法满足，则接入网指示终端"回退"到 EPS 系统，或者"回退"到连接到 5G 核心网的 4G 接入网，通过 VoLTE 方式实现 IMS 话音呼叫。

当 5G 和 4G 网络质量都无法支持 IMS 业务时，5G 系统需要将话音呼叫转移到 3G 网络中。具体的实现方案，由于 R15 的标准化实现限制，未开展讨论，相关解决方案将在 R16 研究和标准化。

七、5G 新应用技术

（一）5G LAN，构建广覆盖的 5G"局域网"

5G LAN 技术支持行业客户对终端的群组管理，包括指定终端的 IP 地址、动态加入一个群组或删除等，一个组内的终端具有相同的地址段，可在一个"局域网"内相互通信。该技术具备广阔的应用前景，例如在海量物联网终端接入的情况下，5G LAN 技术能轻松定位到某行业客户的终端群组，并支持客户自主对终端进行配置；在工业场景下，可通过构建不同的 5G LAN 群组，实现不同等级终端之间的安全隔离。

2019 年 4 月，中国移动联合华为、百度首次成功验证了 5G LAN 的能力，实现百度云对一个组内的摄像头进行动态的 IP 地址配置，初步验证了终端组管理的能力。在随后的百度云智峰会上，中国移动携手华为和百度，首次展示基于 5G LAN 技术的

8K 视频直播，8K 摄像头通过 5G 网络接入，并与百度云服务器通信，摄像头与服务器同属一个局域网。

5G LAN 技术对终端和基站无影响，仅需核心网改造升级，可作为 5G 网络增强技术在垂直行业网络中优先引入。

（二）URLLC，支持更可靠的传输和更低时延

通过冗余传输和周期性数据包测量，5G 网络能够基本满足 URLLC 的业务诉求。但该技术的引入，需要终端及应用层根据冗余传输机制进行改造，终端和基站需要支持双连接，基站需配置灵活帧结构从而实现 1ms 单向空口时延，周期性数据包检测也将大量消耗网络资源。但不可否认的是，URLLC 技术带来的超低时延、超高可靠特性将为远程手术、工业控制等场景带来革命性的改变，其将成为 5G 服务垂直行业的真正的高价值技术。

（三）5G TSN，构建端到端的 5G 确定性网络

5G 系统在 R16 阶段基本完成与 IEEE802.1 主流 TSN 协议族的适配和对接工作，支持在 MAC 层实现确定性数据传输。但由于 IEEE TSN 协议本身的复杂性和多样性，3GPP 在进行 5G TSN 技术标准化时遇到一定困难，5G TSN 标准工作推进较慢。3GPP 计划在 R17 启动面向移动网络所特有的确定性机制研究。

5G TSN 技术对终端、基站、传输和核心网均有改造要求，终端和 UPF 需要支持 TT（TSN Translator）功能，核心网 AF 需支持与 TSN 系统控制面（CNC/CUC）进行对接并完成协议解读和参数映射，此外 5G 核心网还需要实现与传输网和基站的 5G

主时钟同步。虽然 5G 网络引入 TSN 代价较高，但可以预见的是，5G TSN 技术将广泛应用于工业控制、机器制造、高清音视频传输等领域。具备 TSN 属性的 5G 网络将真正成为具有确定时延、低抖动，高可靠的 5G 确定性网络，为垂直行业提供真正的 SLA 保障。

（四）5G - V2X，为自动驾驶构建可用的 5G 网络

车联网一直被认为是 5G 网络的杀手级业务，具备低时延（自动驾驶 5ms 单向延迟）、高带宽（高精度地图速率达到 1Gbps）和高可靠（5 个 9 的可靠性）要求。为满足智慧交通和自动驾驶的要求，5G 网络需广泛结合 5G—V2X 技术、URLLC 技术、TSN 技术以及网络 AI 技术，构建一张真正的 5G 高性能车联网切片。此外 5G—V2X 关键技术例如多等级 QoS 机制、PC5 通信机制等也可以适用于除车联网外的，具有移动性、低时延、直连通信要求的业务，如云游戏、无人机等。

第四节　5G 安全技术

5G 安全既包括由终端和网络组成的 5G 网络本身通信安全，也包括 5G 网络承载的上层应用安全。经过产业界长期努力，移动通信网络安全架构基本完善，因此 5G 安全架构是对 4G 网络分层分域安全体系的继承。

一、5G 安全框架

3GPP 5G 安全架构标准中规定：在安全分层方面，5G 与 4G

完全一样，分为传送层、归属层/服务层和应用层，各层间相互隔离；在安全分域方面，5G安全框架分为接入域安全、网络域安全、用户域安全、应用域安全、服务域安全、安全可视化和配置安全6个域，与4G网络安全架构相比，增加了服务域安全。5G比4G安全性增强主要体现在如下方面。

1. 服务域安全。针对5G核心网服务化架构，有完善的服务注册、发现、授权安全机制及安全协议来保障服务域安全。

2. 增强的用户隐私保护。5G网络使用全流程加密方式传送用户身份标识，防范攻击者利用初始注册时的明文用户身份标识来非法追踪用户。

3. 增强的完整性保护。5G支持空口和网络全面的用户面数据的完整性保护，以防范用户面数据被篡改。

4. 增强的网间漫游安全。5G网络提供了网络运营商网间信令的端到端保护，防范运营商网间的敏感数据截获。

5. 统一认证框架。5G采用统一认证框架，能够融合不同制式的多种接入认证方式。

5G不仅是技术变革，更是新生态体系的构建，认识5G安全问题，既需要从技术、场景等角度进行客观分析，也需要从产业生态维度进行综合评估。

二、5G关键技术安全

1. 虚拟化部署和网络切片。基于云化的网络功能部署环境，由于硬件资源的广泛共享和管理控制功能高度集中，将对传统基于专用硬件的安全防护措施带来更大的挑战，容易因为单点问题传导形成系统性风险。5G安全需要网络虚拟化安全技术标准。进行全系统安全加固、跟踪和审计，提供端到端、多层次资源的安全隔离措施。

2. 边缘计算。边缘计算是指核心网设备节点下沉被部署到相对不安全的物理环境时，受控性降低，被攻击的风险提升。同时边缘计算平台算力有限，更多地考虑跨应用资源共享，单点安全风险同样突出。需要对边缘计算设施加强物理保护和网络防护，完善应用层接入到边缘计算节点的安全认证与授权机制，根据部署模式明确第三方应用安全责任划分并协作落实。

3. 网络能力开放。网络能力开放将用户个人信息、网络数据和业务数据等从网络运营商内部的封闭平台中开放出来，网络运营商对数据的管理控制能力减弱，可能会带来数据泄露的风险。同时，网络能力开放接口采用互联网通用协议，会进一步将互联网已有的安全风险引入到5G网络。需要加强5G网络数据保护，强化安全威胁监测与处置，加强网络开放接口安全防护能力，防止攻击者从开放接口渗透进入运营商网络。

三、5G应用场景安全

5G网络将从传统的个人信息服务，转向工业、能源、运输、金融等涉及国计民生的重点行业深度融合，5G网络会承载和传输更多的敏感和关键数据。5G安全关联到其承载的各种应用系统以及系统数据的安全。

1. eMBB（增强移动宽带）场景：媒体形式更加多样化，新媒体内容监测识别难度加大，海量多样化终端设备为信息的传播与扩散提供便利，加大管控难度；另外，更多的身份、位置、生物、音视频、金融等隐私数据在网络上传输，给 5G 网络的机密性、完整性和隐私保护提出更高要求。如果网络切片安全隔离措施不完善，攻击者可以通过某个低安全等级应用的切片非法地访问高安全等级的切片资源，造成数据泄露、恶意攻击等安全问题。

2. 超高可靠低时延（uRLLC）场景：uRLLC 要求提供高可靠、低时延的服务质量保障。安全机制的部署，例如接入认证、数据传输安全保护、终端移动过程中切换、数据加解密等均会增加时延，过于复杂的安全机制不能满足低时延业务的要求。例如在车联网业务场景中，一旦车载终端成为黑客攻击的目标，造成车辆失控等重大安全问题，是比智能终端更严重的安全风险。

3. 海量机器类通信（mMTC）场景：应用覆盖领域广，接入设备多、应用地域和设备供应商标准分散、业务种类多，因此大量功耗低、计算和存储资源有限的终端难以部署复杂的安全策略，容易被利用成为攻击源，进而引发对用户应用和后台系统等的网络攻击，带来网络中断、系统瘫痪等安全风险。例如，智能电网场景下的传感器和抄表终端变为傀儡机，轻则导致经济损失，重则造成电网瘫痪等重大事故。

第五节 5G 组网技术

一、5G 组网标准

3GPP 的标准分阶段支持多种 5G 组网架构，具体可以分为三个子阶段（参见图 2—6）。

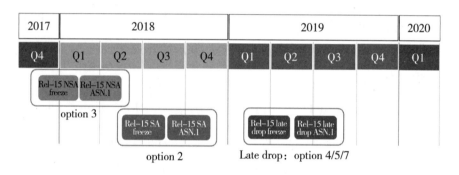

图 2—6 3GPP 5G 组网方案标准化进展

第一个子阶段为 2017 年 12 月完成的基于 EPC 的非独立组网标准（option3），此版本只引入 5G 新空口（NR），控制面锚定在 4G 基站（LTE）侧。EPC 扩展接入、签约和计费功能支持 NR 接入。用户面利用 NR 和 LTE 双连接提升热点带宽容量，增强移动宽带业务能力。

第二子阶段为 2018 年 6 月完成基于 5GC 可独立组网标准（option2），此版本采用端到端 5G 系统，含 5G 基站和服务化架构的 5GC，并通过 N26 接口实现与 EPC 的互操作。此架构提供支持增强移动宽带和基础低时延高可靠业务的能力，提供网络切片、边缘计算新功能。

　　第三个子阶段旨在支持更多基于 5GC 的组网方案，为运营商提供更多选择。其中，option4 在 option2 的基础上，借助增强 LTE（eLTE）空口实现用户面与 NR 的双连接能力；option5 是独立组网方案，支持 eLTE 接入 5GC；option7 要求 eLTE 接入 5GC 互连，NR 空口仍作为从站（SeNB）。子阶段三标准化工作计划在 2019 年 3 月份冻结。

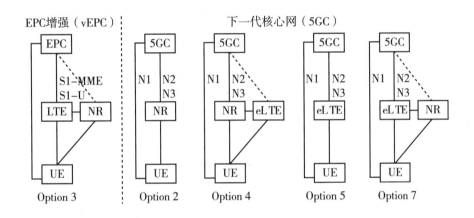

图 2—7　5G 组网方案选项

　　如图 2—7 所示，5GC 支持各种接入技术，作为目标架构的演进方向已经成为全球业界的共识。然而，在 5G 部署初期，选择独立组网（option2）或是非独立组网方案（option3），如何实现 4G 系统与 5G 系统共存和平滑演进，需要运营商从业务技术创新节奏、商用部署复杂度和现网成本保护等方面进行综合评估。

二、NSA 和 SA 部署方案对比

　　初期 5G 组网方案在核心网方面有两种选择：一是升级现网

EPC 支持非独立组网的 option3 部署架构；二是新建 5GC，支持独立组网 option2 方案，推动架构和基础设施的跨越发展。

如表 2—1 所示，基于传统 EPC 的非独立组网方案设备成熟度较高，对基础设施和配套功能的改动要求最小，但现网环境已经承载了大量 4G 用户，进行 5G 用户签约和开户属于重大业务变更操作，容易影响网内传统 4G 业务，且一旦出现问题倒回操作复杂，实施的成本需要具体评估。如果采用基于虚拟化的非独立组网方案，现网同样面临 EPC 升级以及电信云基础设施改造，相对于 5GC 独立组网方案的成本优势进一步缩减。

表 2—1　NSA 和 SA 初期部署方案对比

	传统 EPC 支持 option3	vEPC 支持 option3	新建 5GC 支持 option2
设备成熟度	2019Q1 试商用系统交付(预计)	2019Q1 试商用系统交付(预计)	2019Q2 试商用系统交付(预计)
基础设施建设	——	完成电信云数据中心组网,通用硬件选型	
网络功能部署	软件升级支持 NSA 扩展	完成核心网云化部署支持 NSA 和 C/U 分离架构	完成核心网云化部署支持服务化架构和 5G 功能
配套改造要求	——		信令网改造支持 HTTP BOSS 系统、数据库改造
兼容能力	不支持平滑演进对现网的重大改动	vEPC 可以和 EPC/5GC 共存,隔离部署,按需扩容	目标架构,需兼容传统架构隔离部署,按需扩容

综上，非独立组网无法提供完整的 5G 能力，与未来网络目标架构不兼容，表面上能占据首发的先机，但失去的可能是 4G

现网稳定性和5G新兴市场机会。与之相对，独立组网方案是运营商网络架构和业务能力的跨越式发展，全面满足万物互联的5G愿景，信息基础设施的适当超前发展有利于推动5G全产业生态的成熟。

从目前发布的商用计划来看，除了极个别运营商选择用5G做增强的固定无线接入系统外，全球大部分运营商都选择了"云化组网→EPC升级→5GC"的演进路线。以中国移动为代表的中国运营商集团率先提出面向5GC独立组网行动计划，从头开始规划端到端完整的5G网络建设，探索技术革新和产业升级相融共进的道路。

三、5G 网络云化部署方案

如图2—8所示，5G核心网部署可采用"中心—边缘"两级数据中心的组网方案。在实际部署中，不同运营商可根据自身网络基础、数据中心规划等因素灵活分解为多层次分布式组网形态。

中心级数据中心一般部署于大区或省会中心城市，主要用于承载全网集中部署的网络功能，如网管/运营系统、业务与资源编排、全局SDN控制器，以及核心网控制面网元和骨干出口网关等。控制面集中部署的好处在于可以将大量跨区域的信令交互变成数据中心内部流量，优化信令处理时延；虚拟化控制面网元集中统一控制，能够灵活调度和规划网络；根据业务的变化，按需快速扩缩网元和资源，提高网络的业务响应速度。

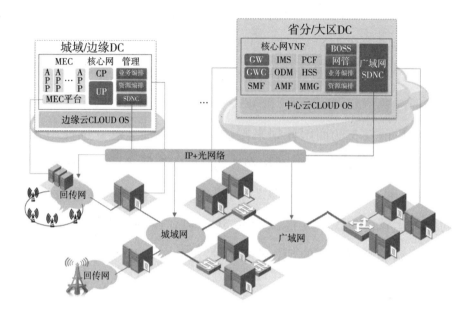

图2—8　端到端云化组网参考架构

　　边缘级数据中心一般部署于地市级汇聚和接入局点，主要用于地市级业务数据流卸载的功能，如 UL－CL UPF、4G GW－U、边缘计算平台和特定业务切片的接入和移动性功能。用户数据边缘卸载的好处在于可以大幅降低时延敏感类业务的传输时延，优化传输网络负载。通过分布式网元的部署方式，将网络故障范围控制在最小范围。此外，通过本地业务数据分流，可以将数据分发控制在指定区域内，满足特定场景的安全性需求。

　　虚拟化层方面，针对移动核心网业务，运营商可采用统一的 NFV 基础设施平台向下收敛通用硬件，支持软硬件解耦或NFV 系统三层解耦能力。电信运营商对云平台的核心价值关切在于高可用性、高可靠、低时延、大带宽。

数据中心组网方面，通过两级数据中心节点的 SDN 控制器联动提供跨 DC 组网功能，提高 5G 核心网切片端到端自动化部署和灵活的拓扑编排管理能力；数据中心内部组网可采用两层架构＋交换机集群（TOR/EOR）模式，减少中间层次，提高组网效率和端口利用率；或选择 Leaf - Spine 水平扩展模式，实现 Leaf 和 Spine 全互联、多 Spine 水平扩展，处理东西向流量；在满足电信虚拟化网络功能（VNF）性能的条件下，通过 Overaly 网络虚拟化实现大二层，利用 SDN 技术，增强按需调度和分配网络资源的能力。

四、5G 独立组网部署步骤

在 5G 商用有限的时间窗口期内，完成独立组网所需的基础设施云化改造、5GC 服务化架构部署、4/5G 兼容共存以及网络配套系统改造是重大的挑战，需要全产业界坚定信心，合理规划和持续推进。

5G 独立组网实施从时间上大体上分为两个阶段，如图 2—9 所示：2018—2020 年为电信云建设阶段，完成数据中心组网、NFV 系统集成以及 5G 系统概念和组网验证，保证 5GC 达到规模组网的功能要求；2020 年以后为核心网融合部署阶段，利用云平台灵活部署和快速迭代的优势，持续性地上线新功能和新业务、促进 4/5G 融合。

电信云建设阶段重点完成电信网基础设施云化部署和 5GC 功能验证。

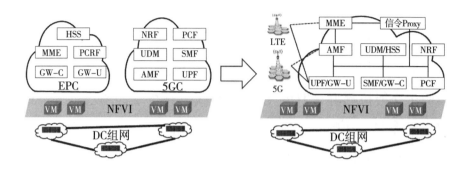

图2—9　5G独立组网部署推进步骤

　　NFV作为5G独立组网的必要使能技术，需要先于5G组网完成部署，并不断积累NFV平台集成、业务管理与编排以及资源调度的运行经验。针对移动核心网业务，运营商可利用电信设备制造商开展初始阶段的NFV平台集成，收敛多厂家、多类别的软硬件资源，支持软硬件解耦甚至三层解耦能力，综合利用加速方案提升信令处理和数据转发性能。

　　组网方面可采用"中心—边缘"两级数据中心的组网方案。中心级数据中心一般部署于大区或省会中心城市，主要用于承载全网集中部署的网络功能，如网管/运营系统、业务与资源编排、以及5GC控制面功能和互联网出口网关等。边缘级数据中心一般部署于地市级汇聚和接入局点，主要用于卸载本地业务数据流，部署边缘计算网关和业务平台，以及特定业务切片的核心网功能。数据中心间通过SDN（软件定义网络，SoftwareDefinedNetwork）控制器联动提供跨数据中心的灵活组网支持。

第六节 5G 标准化进程

在标准化方面，制定 5G 国际标准主要在 ITU-R WP5D 和 3GPP 两大标准化组织中进行。其中 ITU 重点在于制定 5G 系统需求、指标以及性能评价体系，在全球征集 5G 技术方案，开展技术评估，确认和批准 5G 标准，不做具体的技术和标准化规范制定工作。3GPP 作为全球各通信主要产业组织的联合组织，从事具体的标准化技术讨论和规范制定，并将制定好的标准规范提交到 ITU 进行评估，当满足 ITU 的 5G 指标后将被批准为全球 5G 标准。

一、5G 标准化在 ITU 的关键进程

ITU－R 是国际电联的无线通信部门，推动全球无线电频率有效使用（包括卫星频率和轨道资源）和干扰协调等。通过对《无线电规则》（Radio Regulations）和地区性协议的执行，以保证不同无线通信服务都能够高效和经济地使用无线频谱。《无线电规则》是关于无线频谱使用的、国际性的、具有约束力的条约。世界无线电通信大会（World Radio－communication Conference，WRC）每 3—4 年举行一次。WRC 对《无线电规则》进行修改和更新，从而对全球无线电频率和卫星轨道资源的使用产生相应的影响。

ITU－R 的 5D 工作组（WP5D）负责国际移动电信系统（International Mobile Telecommunications，IMT）系统的无线系统

方面的全部工作，也就是从 3G 开始及其以上的各代移动通信系统。工作组最主要的任务就是负责 IMT 陆地部分的问题，包括技术、运营和频谱相关的问题。

WP5D 负责制定 IMT 相关技术规范，和其他区域性标准化组织合作对 IMT 进行定义，维护一系列的 IMT 建议书和报告，这些建议书有一组 IMT 的无线接口技术（Radio Interface Technologies，RIT）构成，每个无线接口技术有对应的无线接口规范（Radio Interface Specifications，RSPC），包括技术概述，以及对详细技术规范的引用参考索引。例如，IMT—2000 对应的建议书 M. 1457 包含六个不同的 RIT，其中有包括 WCDMA/HSPA 等 3G 技术。IMT—Advanced 对应的规范 M. 2012 包含两个不同的 RIT，其中最重要的是 4G/LTE。其中会不断体现具体的规范内容，比如 3GPP 的 WCDMA 和 LTE 规范。

2012 年，WP5D 开始着手 2020 年之后 IMT 进一步发展的推进工作，即第五代移动系统，对应于通常所说的"5G"。ITU – R 建议书 M. 2083 是 IMT—2020 的"愿景"建议书。建议书描绘了 IMT—2020 发展框架、技术趋势、服务目标和工作计划时间表，迈出了 5G 发展的第一步。建议书中提出 5G 的场景涵盖以人为中心的通信和以机器为中心的通信，确定场景包括：增强移动宽带通信（eMBB）、超可靠低时延通信（URLLC）、大规模机器类型通信（mMTC）。

5G 研究和标准化在 ITU 的工作大致可分为三个阶段：

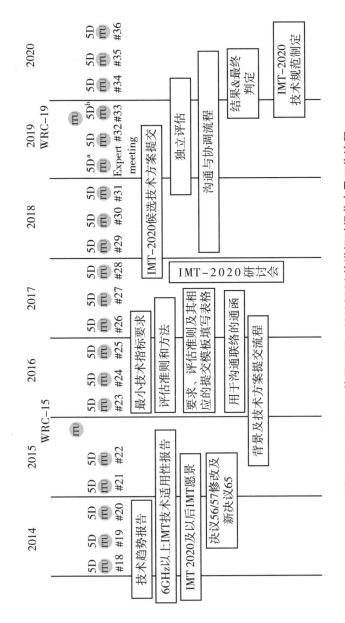

图2—10 ITU—R 关于 IMT—2020(5G) 的详细时间节点及工作流程

（一）阶段一：规划5G技术愿景

这一阶段ITU确定IMT—2020系统命名，启动《IMT—2020愿景》《IMT未来技术趋势》《面向2020年及以后的IMT流量》和《IMT系统部署于未来信息技术Hz以上频段的可行性研究》等多个研究项目。颁布《IMT—2020愿景》明确列出了5G的宏观需求，梳理出增强性移动宽带、海量机器间通信、超高可靠和超低时延这三大5G应用场景。

（二）阶段二：确定5G技术方案的指标要求和评估方法

2017年ITU完成了支持IMT—2020候选技术提交以及技术评估工作的关键文件，为后续候选技术方案提交和技术评估奠定了基础。ITU鼓励提交5G的候选技术方案，并将按照下列公布的技术文件组织对候选技术方案的公开评估。

1. M.2410：《IMT—2020候选技术最低要求》。报告针对IMT—2020无线接口技术性能定义了13项最基本的要求，大多源自第一阶段愿景建议书（ITU–R，2015c）中对关键能力的描述。

2. M.2411：《IMT—2020需求、评估准则和提交模板》。给出了候选技术方案需要详细披露的业务需求指标、频谱需求指标和技术性能需求指标等内容模板。

3. M.2412：《IMT—2020评估方法》。通过对每个场景定义不同的技术指标要求，确定用来评估最基本要求的详细的方法论，包括测试环境、评估配置和信道模型。

4.《IMT—2020候选技术方案提交流程》。设定后续全部候选技术提交及第三方评估的重要时间点和工作计划。

（三）阶段三：评估确定 5G 技术标准

ITU 计划开展为期 20 个月的候选技术方案的征集（2017 年 10 月—2019 年 7 月），各个国家和国际组织都可以提交 5G 技术方案。在提交技术方案过程中，候选技术方案的提交者需要根据 M. 2411 详细披露所提候选技术的相关指标信息，完整提交必须满足全部 5 个测试场景下的测试指标。

2020 年 11 月 26 日（日内瓦当地时间）ITU 表示，国际电联完成对三项新技术的评估。这三项技术分别是：第三代合作伙伴项目（3GPP）提交的 3GPP 5G－SRIT、3GPP 5G－RIT 和印度电信标准开发协会提交的 5Gi。

二、5G 标准化在 3GPP 的关键进程

3GPP（Third Generation Partnership Project，第三代合作伙伴计划）是一个面向移动通信系统的标准化组织，其本质上是一个代表全球移动通信产业的产业联盟，其目标是根据 ITU 的需求，制定更加详细的技术规范和标准，促进移动通信系统在全球范围的互联互通和产业合作。

3GPP 由来自欧、美、中、日、韩及印度等七个区域电信行业标准化组织，包括欧洲 ETSI（European Telecommunications Standards Institute，欧洲电信标准化委员会）、北美的 ATIS（The Alliance for Telecommunications Industry Solution，世界无线通信解决方案联盟）、中国的 CCSA（China Communications Standards

Association，中国通信标准化协会）、日本的 ARIB（Association of Radio Industries and Business，无线行业企业协会）和 TTC（Telecommunications Technology Committee，电信技术委员会）、韩国的 TTA（Telecommunications Technology Association，电信技术协会）、以及印度的 TSDSI（Telecommunications Standards Development Society，India，印度电信标准发展协会）。目前共有来自 40 多个国家，包含网络运营商、终端制造商、芯片制造商、基础制造商以及学术界、研究机构、政府机构在内的 700 余个单位会员，垂直行业的会员在快速增长。

全球希望可以推动形成统一的 5G 标准，具体标准化工作在 3GPP 开展。3GPP 于 2015 年的 5G workshop 上首次讨论并拟定了本组织面向 ITU IMT—2020 的标准化时间计划，ITU 时间规划最终向 ITU 提交 3GPP 5G 技术标准。

一直以来，3GPP 都是全球 5G 标准的主要研制组织。3GPP 规划了 R14 到 R16 三个版本的时间表，其中 R14 主要开展 5G 系统框架和关键技术预研。R15 作为第一个版本的 5G 标准，满足 5G eMBB 场景的需求。R16 完成第二版本 5G 标准，满足 ITU 所有 IMT—2020 需求，并向 ITU 提交。

2019 年 6 月，3GPP 提交了一份完整的提案，其中包括详细的自评估文档以及对 IMT—2020 要求的"合规性声明"。经过一段评估期，直到 2020 年 2 月，ITU－R 任命的 15 个独立评估组（IEG）未对 3GPP 提交的文件提出异议。2020 年 6 月，3GPP 最终完成规范材料和技术概述提交。

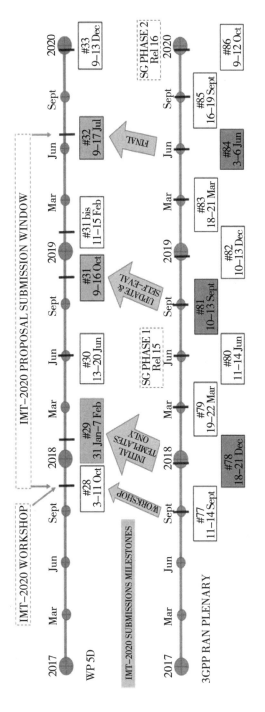

图 2—11　ITU－3GPP 5G 推进进程对照示意图

3GPP"5G"最终提案包括两个独立的提案，分别定义为单个无线接口技术（RIT）和组合的无线接口技术集（SRIT）。

3GPP 在 R15 和 R16 重点的标准化项目参见表 2—2。

表 2—2　3GPP 在 R15 和 R16 重点的标准化项目

R15	R16
NR 新空口	The 5G system – phase 2　5G 系统第二阶段
The 5G System – Phase 1 5G 系统第一阶段	V2x Phase 3：Platooning, extended sensors, automates driving, remote driving 车联网第三阶段：车队运作管理,智能传感器,自动驾驶,远程驾驶
Massive MTC and Internet of Things（IoT） 海量机器类通信和物联网	Industrial IoT 工业物联网
Vehicle – to – Everything Communications（V2x）Phase 2 车联网通信第二阶段	Ultra – Reliable and Low Latency Communication（URLLC）enh. 增强高可靠低延迟通信
Mission Critical（MC）interworking with legacy systems 关键任务系统与传统系统的互联互通	NR – based access to unlicensed spectrum（NR – U） 可工作于免许可频段的5G空中接口
WLAN and unlicensed spectrum use WLAN 和免许可频段	5G Efficiency：5G 效能
Slicing – logical end – 2 – end networks 网络切片 – 端到端网络	Intergrated Access and Backhaul（IAB） 综合传输和回传网络
API Exposure – 3rd party access to 5G services API 开放 – 对于 5G 应用提供第三方接入途径	Enh. Common API Framework for 3GPP Northbound APIs（eCAPIF）
Service Based Architecture（SBA） 服务化架构	Satellite Access in 5G 5G 卫星通信

R15	R16
Further LTE improvements LTE 长期演进	Mobile Communication System for Railways（FRMCS Phase 2） 铁路移动通信系统（第二阶段）
Mobile Communication System for Railways（FRMCS） 铁路移动通信系统	

三、统一标准中的中国贡献

2020 年 7 月 3 日，国际标准组织 3GPP 宣布 R16 标准冻结，5G 标准的第一个演进版本完成。在 2018 年 6 月 14 日 3GPP 批准了 R15 标准，R16 标准在此基础上，围绕"新能力拓展""已有能力挖潜"和"运维降本增效"三方面，进一步增强了 5G 更好服务行业应用的能力，推动 5G 进一步走入各行各业，催生新的数字生态产业。同时，R16 也兼顾了成本、效率、效能等因素，使得通信基础投资能够发挥更大的效益，助力社会经济数字化转型。

在 5G 标准的制定过程中，中国企业为标准的冻结作出了重要贡献。一方面，截至 2020 年 5 月 29 日，3GPP 已拥有超过700 个成员，覆盖全球电信运营商、设备制造服务商、终端厂商等产业链上下游企业，其中中国有 124 个成员。另一方面，我国在 R16 标准上提交 3GPP 国际文稿已超过全球总量的 35%，与 R15 版本相比更进一步，中国移动、中国联通、中国电信三大运营商均发挥了重要作用；同时，国内企业申报 5G 标准必要专利（SEP，Standards – Essential Patents，即具有不可替代性的专利）占总量 32.97%，排名各国第一。

据德国专利数据公司 IPlytics 2020 年 2 月发布的《5G 专利和标准研究报告（Fact Finding Study on Patents Declared to the 5G Standard)》显示，截至 2020 年 1 月，5G 领域共有 95526 件声明（独家专利或专利申请），已申报 21571 个 5G 专利族（已申报未授权的专利和已授权的专利都计入在内）。其中，中国企业申报的 5G 专利占比 32.97%，超过 5G 专利申报总数的 1/3。

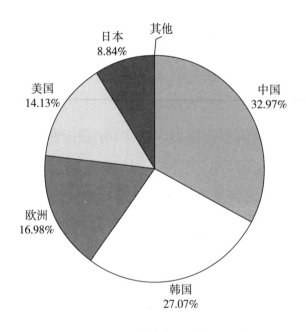

图 2—12 5G 标准申请专利族各国公司占比

报告显示，华为以 3147 族位列全球第一，三星以 2795 族排名第二，中兴通讯以 2561 族排名第三，第四到第十名分别是

LG 电子、诺基亚、爱立信、高通、英特尔、夏普、NTT DOCOMO。前十大申报公司合计占所有提交的 5G 申报的 82%。

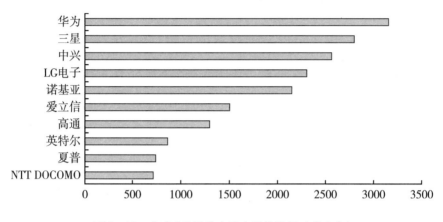

图 2—13　全球 5G 标准申请专利族数量（前十位）

从国内企业角度分析，头部企业华为、中兴不仅在 SEP 数量上位列前茅，同时拥有完整的产品、方案、市场规模以及创新能力。此外，中国企业的 5G 专利族中，OPPO 拥有 657 族、大唐570 族、Vivo238 族、联想 97 族、HTC93 族、鸿颖创新（FG Innovation）30 族、ITRI（中国台湾）14 族。这些厂商也成为新的参与者，在 5G 专利持有名单中分别位列第 11、12、14、18、28 和 32 位。虽然目前 5G 专利数量并不多，但专利申请之后，被授予需要几年的时间，并且，在国内政策利好的背景下，中国企业最近两年的 5G 专利申请量增长迅速。因此，可以预见的是，未来几年内中国厂商被授予的 5G 专利还会进一步增长。

将 4G 与 5G 专利的占比相比较，可以看到中国厂商在通信领域的贡献。如表 2—3 所示，华为申报的 5G 标准专利族占全部 5G 标准专利族的 14.61%，与 4G 相比高出 4.62 个百分点。中兴在 5G 标准专利族中占比为 11.89%，与 4G 相比高出 2.06 个百分点，同样实现增长。此外，国内企业如 Vivo、OPPO、华硕、鸿颖创新（CN）以及展讯通信，它们在 4G 专利领域中几乎难有涉及，但在 5G 标准专利族占比当中都有了很大的增长。例如，OPPO 在 4G 标准专利族中占比 0.39%，在 5G 中占比为 3%，增长了 2.61%；Vivo 没有 4G 标准专利族，但在 5G 标准族中占比 1.11%，增长 1.11%。

表 2—3 5G 与 4G 标准声明占比对比表（前十位）

公司	国家	5G 声明占比	4G 声明占比	变化量
华为	中国	14.61%	9.99%	4.62%
三星	韩国	12.98%	10.92%	2.06%
中兴	中国	11.89%	7.22%	4.67%
LG 电子	韩国	10.68%	10.97%	−0.29%
诺基亚	芬兰	9.98%	7.59%	2.39%
爱立信	瑞典	6.94%	5.80%	1.14%
高通	美国	6.00%	7.84%	−1.84%
英特尔	美国	4.04%	2.37%	1.67%
夏普	日本	3.47%	3.59%	−0.13%
NTT DOCOMO	日本	3.35%	3.66%	−0.31%

需要指出的是，在上表的计算中，由于一些 4G 技术仍然适用于新的 5G 标准（约占比 24%），两代的专利声明可能会出现

重复计算。例如，某公司首先将专利系列声明为 4G 标准专利，然后再声明为 5G 标准专利。数字显示，到目前为止，只有少数网络运营商（如德国电信、沃达丰、NTT Docomo 或 Orange）同一个专利既提交了 5G 标准专利声明，也提交了 4G 标准专利声明。

数据显示，中国公司 5G 专利族数量全球第一，但国际注册率偏低，在 5G 专利族的综合质量上，中国厂商仍与国外厂商存在差距。但总体来说，中国厂商的 5G 技术在未来的发展存在着巨大的机遇。从国际环境看，目前 3GPP 5G 标准制定仍在演进，R17 已然提上日程，中国在 5G 标准化过程中的作用还会不断提升；从国内环境看，在政策引导下，中国在 5G 基础设施建设方面不断取得显著成绩，5G 规模化商用也具备了一定的领先优势。随着中国厂商在 5G 领域的专利数量和质量的提升，中国厂商在未来的 5G 专利授权市场也有望占据不小的份额。

综合来看，我国 5G 标准能够在数量上引领全球，开放是必由之路。中国巨大的市场潜力、开放的合作姿态，吸引了诸多跨国企业来华参与 5G 的建设，为我国的 5G 发展提供了宝贵的先进经验和技术支持。在政府层面，2019 年 6 月 30 日国家发改委、商务部公布了《鼓励外商投资产业目录（2019 年版）》，增加了在高端制造、智能制造、绿色制造等领域对外商的"邀请函"，新增了 5G 核心元组件、集成电路用刻蚀机、芯片封装设备、云计算设备等条目。此外，工业和信息化部相关负责人也曾公开表示，英特尔、诺基亚、高通等外资企业积极参与我国

5G 发展建设，中国企业与他们保持着良好的合作关系，双方互惠互利、合作共赢。

在企业层面，各大企业也在不断助力全球 5G 发展，推动我国 5G 发展成果惠及全球。例如，2019 年 2 月 26 日，南非移动数据网络运营商 Rain 宣布与华为合作，共同发布南非首个 5G 商用网络，使得南非成为全球首批部署 5G 的国家之一。同年 7 月 12 日，中兴通讯联合斯洛伐克移动运营商 SWAN Mobile，打通了斯洛伐克首个 5G 网络视频电话，并展示了多种基于 5G 网络的行业应用，对于斯洛伐克 5G 商用具有里程碑的意义。可以说，中国推动 5G 发展应用的实践，将带来广泛的示范效应，为全球移动通信产业发展创造新的动能。

第三章　5G产业

第一节　5G频谱分配

一、5G频谱资源的特点

无线电频谱是移动通信产业的基础战略资源，充分、合理、有效地利用无线电频谱资源，可以保证无线电业务的正常运行，防止各种无线电业务、无线电台站和系统之间的相互干扰，更是国家主权的一部分。全球各国和地区在推动5G技术应用的过程中，频谱规划都是重要的先行战略和关键的政策手段之一。

结合5G技术的特点和优势，5G系统的部署需要分别在低（3GHz以下）、中（3—6GHz）、高（24GHz以上毫米波）频段频谱资源的支撑。一般而言，无线电频率越高，则波长越短，传播能力越差，但可支持带宽（携带信息的能力）越高。因此，各频段具有不同的特点和应用场景：低频段传播特性好、覆盖广、成本低，主要用于实现高可靠低延时需求的场景，例如机器设备连接；中频段兼具大带宽和连续覆盖优势，全球产业链较成熟，可实现商用初期大规模组网；毫米波频段具有连续大带宽、频谱资源丰富、易于规划等优势，主要满足室内场景及公共设施等用户数量密集区域的高传输速率、网络大容量需求。

目前，全球业界普遍认为中低频段是 5G 的核心频段，多个已规划的 5G 正式商用方案也都将采用中频段频谱（特别是3GHz 频段）。同时，部分国家也将目光投向毫米波频段，形成毫米波频段、中频段同步推进的局面。因此，为满足 5G 系统在不同场景下支持多元化需求业务应用的能力，需要面向全频段布局和统筹规划，以综合满足网络对容量、覆盖、性能等方面的要求。

二、各国 5G 频谱分配进展现状

为引导 5G 产业发展、抢占市场先机，目前全球各国和地区都在加速推进 5G 频谱规划和拍卖。截至 2019 年底，包括美国、欧盟、韩国、日本等在内的主要发达国家和地区均制定了 5G 频谱政策，已有 30 余个国家和地区完成了至少一个 5G 频段的拍卖或分配。

表 3—1　主要国家 5G 频率分配

国家	许可时间	频率范围
英国	2018 年 4 月	3.4GHz
美国	2019 年 3 月	24GHz,28GHz
	2020 年 3 月	37.6G—38.6GHz,38.6G—40GHz,47.2G—48.2GHz
	2020 年 9 月	3.5GHz
韩国	2018 年 6 月	3.5GHz,28GHz

国家	许可时间	频率范围
西班牙	2018 年 7 月	3.6GHz—3.8GHz
意大利	2018 年 9 月	700MHz,3.6GHz—3.8GHz,26.5GHz—27.5GHz
澳大利亚	2018 年 12 月	3.575G—3.7GHz
加拿大	2019 年 3 月	600MHz
德国	2019 年 3 月	2GHz,3.6GHz
日本	2019 年 4 月	3.7GHz,4.5GHz,28GHz
中国	2018 年 11 月	2.6GHz,3.5GHz,4.9GHz
	2020 年 5 月	700Mz
	2020 年 12 月	2.1GHz
法国	2020 年 10 月	3.49GHz—3.8GHz

美国通过制定频谱战略和发放新频谱资源促进 5G 发展。频谱战略是美国尤其看重的促进 5G 发展的抓手，特朗普曾签署名为"美国未来可持续频谱战略"的备忘录，指示美国商务部国家电信和信息管理局（NTIA）制定长期频谱战略，以支持美国尽早推出 5G 网络技术。美国联邦通信委员会（FCC）分别在高、中、低频段开放频谱资源用于 5G 技术。美国是全球首个为 5G 划定高频段（毫米波）频谱的国家，2016 年 FCC 即确定将 28GHz、37GHz、39GHz 和 64—71GHz 4 个毫米波频段用于发展 5G，并且探讨 95GHz 以上频段使用的可能性。截至目前，28GHz 和 39GHz 两个频段已向 Verizon、AT&T 和 T – Mobile 发放使用。在中频段，FCC 于 2018 年批准了关于大量开发中频段频谱的通告，借此挖掘中频段的可用频谱，目前，Sprint 拥有 2.5GHz 这一中频段。在低频段，美国向移动业务分配了

716MHz 频谱，其中包括 600MHz 频段的 70MHz，FCC 表示将对这部分频谱进行"现代化和合理化"处理。目前，T—Mobile 拥有 600MHz 这一低频段。此外，FCC 还试图通过采用频谱共享机制，在低、中、高频段中分别放开频谱资源，为 5G 网络部署提供保障，以平衡 5G 服务、卫星业务、联邦应用之间的发展需求。2020 年 9 月，FCC 首次就中频段（3.5GHz）频谱进行拍卖，20 个中标方将支付近 46 亿美元。

欧盟委员会无线频谱政策组（RSPG）于 2016 年 11 月发布欧洲 5G 频谱战略，着重部署低频段，明确提出将 3400—3800MHz 频段作为 2020 年前欧洲 5G 部署的主要频段，将 1GHz 以下 700MHz 用于 5G 广覆盖。在毫米波频段方面，明确将 26G（24.25—27.5GHz）频段将作为欧洲 5G 高频段的初期部署频段，并继续研究 32G（31.8—33.4GHz）和 40G（40.5—43.5GHz）频段以及其他高频频段。截至 2019 年底，有 10 个成员国至少完成了一个 5G 频谱的拍卖。

德国于 2017 年 7 月 13 日宣布了国家 5G 战略，具体涉及 4 个频段：2GHz 频段（1920—1980MHz/2110—2170MHz），该频段在德国曾主要用于 3G 业务；3.4—3.8GHz 频段，用于移动通信；低频段 700MHz 频段。德国于 2019 年进行了 2GHz 和 3.6GHz 频段的拍卖，德国电信和沃达丰分别斥资 22 亿欧元和 18.8 亿欧元购买上述两个频段 130MHz 频谱。下一步将继续把 738—753MHz 作为 SDL（补充下行链路）划分给 5G 使用。与欧盟不同，德国已经确定采用 28GHz 频段作为 5G 频段，但同时也没有完全将 26GHz 频段排除在外，继续将其作为研究频段。

2020 年 10 月 1 日，法国对 3.4—3.8GHz 频段分配频率进行拍卖，总额达到 28 亿欧元。Orange 公司出价 8.54 亿欧元收购其中的 90MHz；SFR 公司以 7.28 亿欧元得到 80MHz，Bouygues Telecom 和 Free Mobile（Iliad）公司各自出价 6.02 亿欧元，得到 70MHz。

日本总务省（MIC）于 2016 年 7 月发布了面向 2020 年无线电政策报告，主要聚焦在 3600—3800MHz、4400—4900MHz 频段和 27.5—29.5GHz 频段。并于 2019 年 2 月经内阁通过"《电波法》部分修正法律案"，配合 5G 无线技术，重新检讨频谱指标与频谱使用费等制度，扩大广域专用频谱的适用范围，促使 5G 迅速在日本普及化，同时促进频谱资源的有效利用。

韩国未来创造科学部宣布原计划为 4G LTE 准备的 3.5GHz（3400—3700MHz）频谱转成 5G 用途，并于 2018 年 6 月拍卖了 3.5GHz 和 28GHz 频段。

纵观全球，各国、各地区规划部门对 5G 频谱构架建设的认知基本一致：统筹高中低频段的频谱资源，研究推进高低频谱协同组网。

三、我国 5G 频率规划及许可

早在 2007 年、2012 年和 2015 年世界无线电通信大会上，我国代表团就持续成功推动 700MHz、3.5GHz 等中低频段划分用于国际移动通信（IMT，含 5G）系统，由此确立了 5G 使用中低频段的国际频率协调一致和国际规则地位。2010年、2014年和2018年，工业和信息化部连续修订《中华人民共和国无线电频率划分规定》，为IMT增加频率划分超过600MHz带宽。

2017年，面对美国在国际上抢先发布5G毫米波频段使用规划的形势，工业和信息化部从产业利益和国家利益全面考量，沉着施策，在全球率先发布了5G中频段频率使用规划，成功扭转国际上5G从毫米波频段开始布局的态势，极大提振了产业界信心。2018年12月，为加快推动5G产业链成熟，工业和信息化部在全球率先为三家电信运营企业许可了连续300MHz带宽中频段和160MHz带宽低频段的5G试验频率使用许可，所许可的频率总量位居世界首位。2019年，工业和信息化部为中国广电许可4.9GHz频段60MHz带宽的5G试验频率，为中国电信、中国联通、中国广电三家电信运营企业许可3.3GHz频段100MHz带宽的5G中频段室内覆盖频率，深化5G共建共享。为进一步满足5G不同场景和应用的频率需求、促进5G与广播电视的深度融合，2020年工业和信息化部将原用于广播电视的700MHz频段部分频率调整用于移动通信系统，并为中国广电许可其中60MHz带宽的5G频率资源。为解决低频段5G频率资源不足问题，2020年12月，工业和信息化部又许可中国电信、中国联通将部分4G频率重耕用于5G。

与世界其他国家一样，我国5G中频段的频率规划，面对同、邻频段现有地面、空间无线电业务的频率迁移（包括关闭在轨使用同频的卫星转换器）及合法在用卫星地球站的干扰保护这一世界普遍难题。这是一项前所未有的非常复杂的巨大工程，涉及数万座卫星地球站、数颗在轨卫星，关系到多个部门、单位。为稳妥做好此项工作，2018 年 5 月，工业和信息化部启动与 5G 相同和相邻频段的现有无线电台（站）清理核查工作，制定已有合法无线电台（站）的干扰保护清单，出台了《3000—5000MHz 频段第五代移动通信基站与卫星地球站等无线电台（站）干扰协调管理办法》《3000—5000MHz 频段第五代移动通信基站与卫星地球站等无线电台（站）干扰协调指南》，有力地促进了 5G 基站快速、规模部署。

在高频段（毫米波频段）方面，2019 年世界无线电通信大会（WRC—19）为 5G 新增划分了 24.25—27.5GHz、37—43.5GHz 和 66—71GHz 共 14.75GHz 带宽的全球频谱，是之前用于 2G、3G、4G 频谱总量的 8 倍。我国工业和信息化部将根据产业需求，2021 年适时发布我国 5G 毫米波频段频率规划。工业和信息化部 IMT—2020（5G）推进组计划于 2020 年验证毫米波基站和终端的功能、性能和操作，开展高低频协同组网验证；2020—2021 年，计划开展典型场景验证。

总体来看，我国 5G 采用中低频段优先频谱政策及保障充足的频谱资源，为我国 5G 产业发展、参与国际竞争发挥了关键资源支撑和引领作用，"中国 5G 频谱政策模式"得到了全球高度认可和纷纷效仿。事实证明，我国能够在较短时间内取得 5G 的良好开局，提供充足的 5G 首发频谱资源至关重要。中国 5G 频谱首先选择中低频段，这项频谱决策成为了当前全球 5G 的主流之选，也是我国最佳频谱决策的经典案例，具有历史的里程碑意义。

第二节 5G产业图谱

5G产业链从上游器件材料（含芯片、射频前端器件、光模块、光纤光缆等）、中游设备（含网络、天线、基站、传输设备等）至下游运营和应用（包含消费市场和垂直行业），包括器件原材料、基站天线、小微基站、通信网络设备、光纤光缆、光模块、系统集成与服务商、运营商等各细分产业链。

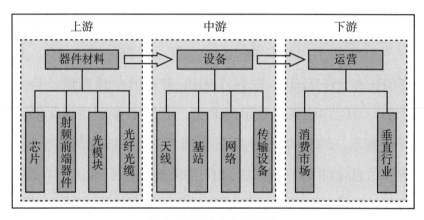

图3—1 5G产业链视图

一、产业链上游

5G产业链的上游主要包括集成电路、传感模组、射频前端器件、光模块、光纤光缆等各类原材料和零部件。

（一）芯片

芯片是5G产业链最重要的一环。5G芯片主要包括无线处理相关的基带芯片、射频芯片，各种网络设备使用的专用转发芯片及通用处理器，光模块使用的光电芯片，以及智能终端的应用处理器。

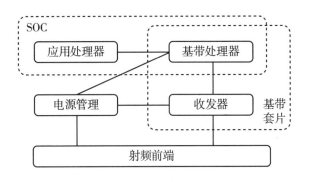

图 3—2 5G 相关芯片

基带芯片是对 5G 信号进行数字化处理的芯片，完成上下行的无线信号进行调制、解调、编码、解码等工作。基带芯片是 5G 芯片中难度最高和最重要的，从 2G 到 5G 标准都要兼容，因此需要大量的技术积累。5G 基带需要支持不同 5G 频段，并且追求更高的数据吞吐量、更低的时延及更大的网络容量，因此基带芯片中需实现大量新的调制解调和编解码技术，设计难度也随之增大。

射频芯片是一系列射频前端器件的统称，同样是完成 5G 的通信功能。基带芯片主要负责信号处理和协议处理，处理的是低频的数字信号，而射频芯片主要负责射频收发、频率合成、功率放大，处理的是高频的模拟信号。

应用芯片是手机中的应用处理器 CPU。操作系统、用户界面和应用程序都在应用芯片上执行，目前一般采用基于 ARM 架构的芯片，并集成图形处理器（GPU）、神经网络处理器（NPU）等功能。

根据应用芯片和基带芯片的关系，目前 5G 芯片方案可分为 SOC 和外挂基带两种形式，其中 SOC 方案是将应用芯片和基带芯片集成到一片晶圆上，增加集成度的同时，可以减少芯片面积降低功耗。目前华为海思、高通、联发科等大都采用这种方案。而外挂基带方案，将应用芯片和基带芯片封装成两颗独立芯片，目前苹果采用这种方案，主要是因为应用处理器自研芯片，而基带芯片则是采购自 Intel 或高通。

5G 早期由于芯片发展不成熟，华为海思和高通都采用过外挂基带方案。进入 2020 年以来，各大厂商纷纷发布集成基带方案的 5G 手机处理器，可见未来应用芯片与基带芯片集成将是主流的发展方向。

受益于近年来芯片制程技术的突破，5G 芯片可以在性能和功耗之间取得平衡。目前已经发布的主要 5G 芯片平台包括华为的麒麟 990/9000、高通骁龙 865/888、联发科天玑 1000 等，大部分采用了 7nm、5nm 等先进制程，主要由台积电和三星代工。

除了终端和基站以外，采用基于 NFV 的独立组网的 5G 核心网设备将更多地使用通用服务器作为控制面设备，通用 CPU、内存和硬盘也成为 5G 产业链中的组成部分。此外，为了实现大吞吐量的转发和高性能流量处理，5G 核心网用户面设备会引入智能加速解决方案提升数据包处理能力，给智能网卡、FPGA、

NPU 和 GPU 等芯片创造新的市场机会。

（二）传感模组

一款智能手机一般会配备十余类传感器，主要包括距离、音视觉、温湿度、加速度、位置、压力、触控、指纹、重力、磁力、红外等。传感器种类、性能的高低是评价一部智能终端档次的重要指标。

5G 更高的能力会促进传感设备性能提升。例如，5G 更大的上行带宽，能够传输更高解析度和更多路的视频信息，5G 时代手机摄像头数量和性能还会进一步提高，5G 先进的制造工艺可以推动传感模组向集成化、网络化、智能化的方向继续发展。

5G 更广阔的应用场景会拓展传感应用范围。例如，5G 大规模物联网业务场景需要部署海量的传感模组，低时延高可靠业务场景是高精度传感应用的发力点。

（三）射频前端器件

射频前端器件是实现手机、基站及各类移动终端通信功能的核心元器件，全球市场超过百亿美金级别。具体而言，射频前端技术主要集中在滤波器（Filter）、功率放大器（PA, Power Amplifier）、低噪声放大器（LNA, Low Noise Amplifier）、射频开关（RF Switch）、双工器（Duplexer 和 Diplexer）。射频滤波器用于保留特定频段内的信号，而将特定频段外的信号滤除；功率放大器用于实现发射通道的射频信号放大；低噪声放大器用于实现接收通道的射频信号放大；射频开关用于实现射频信号接收与发射的切换、不同频段间的切换，以达到共用天线、共用通道，节省终端产品成本的目的；双工器用于对发射和接收信号的隔离。

从市场规模来看，滤波器约占射频器件营收的 50%，功率放大器约占 30%，射频开关和低噪声放大器约占 10%，其他器件约占 10%。

目前全球射频市场由四家美国射频公司 Skyworks、Qualcomm、Qorvo、Broadcom 与日本 Murata 这五大射频巨头寡占。

而国内本土公司产品主要布局在中低端领域，市场占有率较低，且普遍以分立器件为主要方向，缺少集成度，在空间功耗受限的 5G 时代更不占优势；尤其是缺乏先进滤波器技术及产品，滤波器成为瓶颈中的瓶颈。

（四）光模块

光模块为光通信设备的核心部件之一，其主要作用是完成电信号与光信号的互相转换，由收发光组件、功能电路、光接口以及表面辅材组成。

光模块是 5G 低成本、广覆盖的关键要素。由于 5G 特性，其建设需要的是更高速率、传输距离更长、成本更低、更宽温度范围的光模块。速率方面，25G 光模块、50G 光模块、100G 光模块分别成为 5G 前传、中传、回传需求的主要代表。

我国光芯片企业整体实力偏弱，高端芯片依赖进口，国产芯片难以满足需求的现状仍将持续。根据 IMT—2020（5G）推进组发布的《5G承载光模块》白皮书阐述，在产业方面，国内厂商在光模块层面能够提供大部分产品，研发水平紧跟国外领先企业，但25G波特率及以上的核心光电芯片尚处于在研、样品或空白阶段，亟待突破。

（五）光纤光缆

光纤是一种传输光束的介质，由芯层、包层和涂覆层构成，被广泛应用于通信行业。光纤是用来制作光缆的主要组成部分，是光缆中实际承担通信网络的材料。5G通信技术应用中，光纤光缆在基站前传、中传和回传网络的建设中，发挥着十分关键的作用。

近年来，我国光纤市场持续增长。我国光纤缆行业从生产光缆起步，到生产光纤，现在已经取得光纤预制棒技术的重大突破，光纤缆企业大多具备了一体化生产能力。3G到4G时期网络的迭代、基站的升级推升光纤光缆需求量，行业发展迎来黄金十年。随着中国5G技术的发展，未来在智慧城市、无人驾驶、物联网等应用场景的拓展，预计中国光纤的市场需求将进一步扩大。

此外，产业链上游还包括5G空口和网络相关检测仪器仪表，相对比较专业，不再赘述。

二、产业链中游

5G产业链的中游为各种在5G网络中互联的设备，包括天线、基站、传输、核心网和终端设备以及相应的硬件配套。

（一）天线

5G 的新技术主要是利用波束成形及大规模 MIMO 天线阵列等技术，实现频谱利用效率的明显提升，达到 LTE 的数倍。大规模天线阵列是基于多用户波束成形的原理，在基站端布置大量天线，对数十个目标调制各自的波束，通过空间信号隔离，在同一频率资源上同时传输数十条信号。

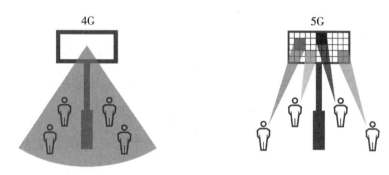

图 3—3　5G 天线波束成形

资料来源：NI trend watch 2019

5G 大规模 MIMO 天线在天线数量上和信号覆盖维度上都较 4G 大幅增加，天线和通道数量可达到 64 个和 128 个，综合考虑系统实现的收益和代价后，最大天线数量可以达到 256 个。因此，5G 的大规模 MIMO 网络容量将较 4G 大幅提升，同时天线的形式也将由无源转向有源。

随着通信产业的发展，我国基站天线产业也经历了初期国外全部垄断，逐步到基本国产，目前基站天线产业面临着过度竞争的局面。虽然国内基站天线行业竞争激烈，但具有一定研发实力、较大产能规模、具备国际竞争力的厂家较少。

（二）基站

基站提供5G无线信号覆盖，实现有线通信网络与无线终端之间的无线信号传输。在5G建网的初期阶段，基站的建设主要以宏基站为主，再用小基站作为补充，加大、加深覆盖区域。在实现5G基础广泛覆盖后，随着5G网络的深入部署，小基站的需求将进一步扩大。5G的频率提高，而原本的单站覆盖范围小，为了满足需求，宏基站的数量将增长。在5G高频通信的背景下，预计5G宏基站总数量约为4G的1—1.2倍，达500—600万个。工业和信息化部预计2020年底全国5G基站数超过60万个，实现地级市室外连续覆盖、县城及乡镇有重点覆盖、重点场景室内覆盖。

（三）网络设备（核心网与传输）

网络设备是移动通信系统的核心环节，主要包括接入网、传输网、核心网及业务承载支撑等系统设备。由于NFV、SDN、网络切片、边缘计算等新技术的引入，5G网络的架构相较于4G网络有了较大变化。网络设备的几个主要变化包括：由于NFV技术的发展，核心网的控制面设备及部分用户面设备已经使用通用服务器来实现；由于数据流量的急剧增加，核心网数据网关下沉到城域网汇聚层，采取分布式部署，整合分组转发、内容缓存和业务流加速能力，在控制平面的统一调度下，完成业务数据流转发和边缘处理。

国际主流的5G设备商包括华为、爱立信、诺基亚、中兴以及三星。据市场调研机构Dell'Oro的数据，2020年第一季度，在5G通信设备市场中，华为以35.7%的市场份额排名第一，爱

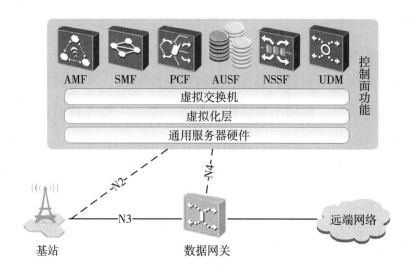

图 3—4　边缘计算架构示意图

立信以 24.6% 排名第二，诺基亚以 15.8% 排名第三，三星以 13.2% 排名第四。

（四）终端设备

5G 规模商用，终端的创新发展成为关键。智能终端已经成为产业数字化、智能化发展的必要基础，应用类智能终端创新呈现出协同、多学科、场景知识和经验等特征，创新空间巨大，但也面对着智能终端供给不足、创新难度各异等难题。5G 时代一个重要的特征是 5G 终端整机形态类型迅速增加，不断产生新的融合，扩大泛终端的外延，形成 5G 全场景的新生态。随着 5G 商用内容的创新，泛终端的融合也将成为趋势。5G 泛终端的融合通过5G SA 网络、AI 即服务、5G 消息和数字化生产平台等 5 个驱动力，将进一步促进垂直领域的长尾市场价值提高，更多泛终端数字化生产力平台承载数字经济得以长远发展。5G

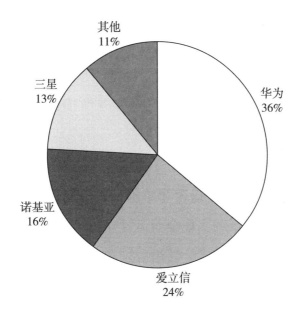

图3—5 2020年一季度5G通信设备市场

仅商用一年，终端产业发展前景广阔。

对于消费互联网来说，终端主要包括手机设备、可穿戴设备以及智能家电类设备。传统的手机产业链包含摄像头模组、屏幕、处理器芯片和通信模组等，产业分工已比较透明清楚。对于5G手机，技术攻关难度较大的是5G基带芯片以及射频前端器件。

除了消费互联网，5G更重要的应用领域是工业互联网。5G更大"蓝海"在物联网和工业互联网，作为万物互联的重要载体，5G会在包括工业、农业、物流、交通等产业提供服务。在不同的应用场景下，就有不同的5G终端。

例如在车联网领域，5G汽车是5G泛终端的典型代表。汽车需要使用5G网络，就得安装5G模组。5G模组的核心组成依然是5G芯片；在5G无人机领域，植入了5G模组和芯片的无人机，某种意义上也是5G终端。因此，模组厂商也是5G产业链的重要组成部分，细分领域包括声学模组、摄像头模组、LCD模组等。

（五）产业链下游

5G产业链的下游是运营和应用，通过运营商系统集成、网络管理和业务支撑系统实现全面运营支撑、将5G网络能力应用在通信、工业、智能家居、智能医疗和车联网等场景。

1. 5G系统集成、业务支撑和网络管理。5G运营商的工作是将联网设备进行系统集成，组织成可面向公众提供可保证服务质量的5G网络接入服务，同时配套相应的网管系统和业务系统，实现网络服务的可持续和可盈利能力。5G新的功能和业务场景对运营商运营提出了更高的要求。一是面向垂直行业的网络规划和运维。5G需要满足不同垂直行业多样化应用需求。在5G网络服务规划和服务提供时，应注重在保证无线网络结构合理的同时，满足需求方网络覆盖和网络质量的要求，达到预期的应用效果。二是针对云化网络智能灵活的管理。运营商可采用统一的NFV基础设施管理和业务编排平台向下收敛通用硬件，向上支持灵活的业务编排，提高5G核心网切片端到端自动化部署和灵活的拓扑编排管理能力，满足按需弹缩、部署灵活性和动态切片编排的需求。在安全隔离的基础上，实现租户对切片的可视、可管、可控、可编排。

2.5G 应用。当前，5G 网络设备、5G 终端设备可以说是基于 5G 发展而直接影响带动的产业，那么 5G 的应用开发则可以认为是 5G 发展间接带动的产业。基于 5G 网络，去创新行业解决方案、发展物联网生态，面向最终用户不仅卖产品也出售服务，形成新的商业模式和产业生态。形象举例，5G + 教育，为学生提供 5G 远程 VR 视频课程内容；5G + 车联网，可为车主提供无人驾驶服务；5G + 应用医疗，可为病人提供 5G 可穿戴健康手环和健康监测服务等。近十年由于 3G、4G 和智能手机迅猛发展，基于系统开发 APP，在手机上进行点餐、团购、导航、移动支付等，诸多公司成了独角兽企业和行业巨头，同样，基于 5G 网络赋能带来的新应用，拥有更多广阔的应用价值和商业前景。

第三节　5G 部署现状

一、全球 5G 部署的整体情况

全球移动供应商协会（GSA）发布的最新统计数据显示，截至 2020 年 11 月，全球有 129 个国家（地区）的 409 家运营商正在投资 5G 相关产业，包括测试、执照获取、规划、网络部署和启动。52 个国家（地区）的 125 家运营商已宣布部署了符合 3GPP 标准的 5G 服务，其中来自 47 个国家（地区）的 117 家运营商推出了符合 3GPP 标准的 5G 移动服务，42 家运营商推出了符合 3GPP 标准的 5G FWA 或家庭宽带服务。

目前，5G 独立组网技术正在逐步实现。5G 网络分为独立组网（SA）和非独立组网（NSA）两种模式，非独立组网是在5G 建设初期通过改造 4G 网络，将 5G 基站接入 4G 核心网的混合组网方式，而独立组网则是完全独立建设的 5G 网络，独立组网将更好发挥 5G 的技术特性。在过去几年中，一些运营商一直在进行 5G 独立组网的测试或试验，直至 2020 年下半年，第一批服务已经正式上线。GSA 已经确认了 58 家运营商以试验、计划、购买牌照、部署或运营网络的形式投资 5G 公共网络的独立组网技术。例如，2020 年 8 月美国 T—Mobile 公司已在美国推出了全国性独立组网 5G 商用网络；2020 年 7 月，南非移动数据网络运营商 rain 发布非洲首个 5G 独立组网商用网络，可覆盖首都开普敦市主城区；2020 年 11 月，中国电信在广州宣布 5G 独立组网规模商用。

从 5G 用户规模来看，全球 5G 用户增速正在从疫情影响中快速恢复。爱立信 11 月更新的移动性报告提到，COVID—19 的传播可能是 2020 年第三季度移动用户增量（1100 万）放缓的原因。但这并没有对长远预期造成影响，报告增加了 2020 年底5G 用户数量的估计，调整为 2.2 亿。保持乐观的积极因素包括国家战略重点、服务提供商之间的激烈竞争以及多家供应商提供的价格更实惠的 5G 智能手机，在这些因素的共同推动下，中国的增长速度超过了此前的预期。报告还预测到 2026 年年底，全球 5G 用户将达到 35 亿，约占当时所有移动用户的 40%。

报告同时指出，在预测期内，LTE 仍将是主要的移动接入技术。2020年第三季度，LTE用户增长了约7000万，达到约45亿，占所有移动用户的57%。预计到2021年将达到48亿用户高峰，到2026年底，随着更多用户迁移到5G，该数字将下降到39亿左右。

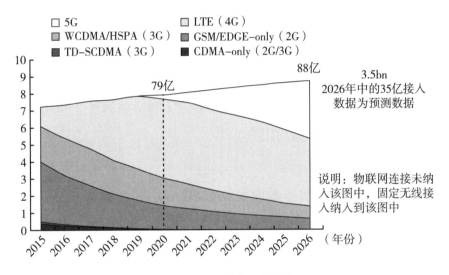

图3—6　5G用户发展预测

资料来源：爱立信移动性报告

（一）韩国

韩国于2018年发放5G商用牌照，是全球第一个使用5G的国家。截至2019年底，韩国已发展5G用户500万，5G基站已超过19万个，实现覆盖韩国93%的人口。2019年11月，韩国平均5G使用量为27.3GB/月，5G流量已占到移动连接总流量的21%。

受疫情和取消补贴等因素的影响，进入2020年以后韩国5G商用增速放缓，还出现了5G用户因速度、覆盖、功耗等体验问题回退4G的现象。

（二）美国

截至 2020 年 6 月，美国的全国性运营商（AT&T、Verizon、T－mobile 和 Sprint）均实现 5G 商用。美国四大运营商主要在毫米波频段建设 5G 网络，初期聚焦 5G 无线宽带接入业务运营。

受限于美国频谱资源分配现状（缺少 5G 专用中频段频谱）和毫米波的产业成熟度，美国 5G 网络大多只能做到城市热点覆盖。T—mobile 使用的 2.5GHz 中频段 5G 网络覆盖 9 个城市，接近 2000 万人口（非签约用户）。

（三）日本

2019 年 4 月，日本政府发放了 5G 专用的新频谱（3.7GHz，4.5GHz，28GHz），日本几大运营商相继在 2020 年一季度推出了 5G 商用服务。

2020 年 1 月 19 日消息，日本制定 2030 年实现通信速度是 5G 的 10 倍以上的"后 5G"（6G）技术的综合战略，计划通过官民合作来推动发展。

NTT docomo、KDDI、软银以及乐天这四大公司计划到 2024 年底的 5 年间将投资 1 万亿日元，在日本全国修建大约 7 万个基站。

（四）欧洲

2019 年 4 月 4 日，瑞士电信运营商 Sunrise 宣布其 5G 网络商用，英国运营商 EE 紧随其后，在 5 月开通 5G 服务，沃达丰在英国、西班牙、意大利、德国等开启 5G 服务。据统计，截至

2019 年底，欧洲已有 10 个国家宣布 5G 商用，虽然商用网络数量较多，但覆盖区域比较有限。最新进展是，法国 Orange 公司于 2020 年 12 月 3 日在尼斯，马赛，勒芒，昂热和克莱蒙费朗等 15 个城市启动了其商用 5G 移动网络。到 2020 年底，将有超过 160 个城市（城市覆盖率超过 80%）使用 3.5GHz 5G 网络，其数据速率是 4G 的 4 倍。

二、5G 技术在工业领域商用的探索

目前，世界各国都在以制定政策和成立联盟的方式加快推动 5G 与工业互联网的融合发展，并已开展了 5G + 工业互联网应用的初步探索。

2017 年起，美国就开始着手 5G 的应用并逐步扩大，美国联邦通信委员会（FCC）通过设立 5G 基金等方式推进 5G 向精准农业、远程医疗、智能交通等领域渗透。"5G 美洲"是美国的一个工业贸易组织，主要由领先的电信服务提供商和制造商组成。"5G 美洲"通过发布涉及 5G + 工业应用的白皮书来推动 5G 技术在美洲工业领域的应用，例如在 2018 年 11 月发布了垂直行业内用于自动化的《5G 通信》白皮书和《5G 高可靠低时延通信支持的新业务和应用》白皮书，在 2018 年 3 月发布了《蜂窝 V2X 通信到 5G》白皮书。与此同时，美国电信运营商也加快了 5G 与制造业融合的应用实践，例如美国电信运营商 AT&T 与三星电子在德克萨斯州打造了美国第一个专注于制造业的 5G 应用测试平台，并且探索了工业设备状态监测、员工培训等5G应用。

欧盟早在2016年就发布了"5G Action Plan",并在2018年启动了5G规模试验。2018年4月,欧盟成立工业互联与自动化5G联盟(5G—ACIA),联盟集合了OT(Operational Technology)龙头企业、ICT龙头企业、学术界等完整的生态系统,共同推进对工业需求的理解并向3GPP标准导入,同时探讨5G用于工业领域所涉及的话题,包括组网架构、运营模式、频谱需求等。2018年7月,欧洲5G研究计划——5G公私合作伙伴关系(5G PPP)正式启动了第三阶段的研究,其中5G Verticals创新基础设施项目通过提供端到端(E2E)设施,支持工业、港口等垂直行业应用的端到端试验。德国作为工业4.0的发起国,更是通过"5G Strategy for Germany"和"Digital Strategy 2025"推进5G在德国的应用,尤其是在工业领域,以西门子、博世为代表的OT企业积极推进5G服务工业的应用研究与实践,并在汉诺威工业展上展示了基于5G的自动导引运输车(Automated Guided Vehicle,简称AGV)应用等研究成果。欧盟各国电信运营商也纷纷与制造企业合作开展5G应用探索,如英国伍斯特郡5G工厂,探索使用5G进行预防性维护、机器维护远程指导等应用。

日本确定了2020年东京奥运会实现5G大规模商用部署的目标,5GMF组织推动了5G规模试验。同时日本在《日本制造业》白皮书中着力推进5G等无线技术在工业领域的应用。自2020年3月,日本NTT、KDDI、软银等三家运营商相继推出5G

商用服务，乐天也预计将于 2020 年以后开始提供服务。日本制造业期望通过本地 5G 等无线技术的应用，对制造业工作现场作业提供支持。例如工业机械的实时远程操作、远程维护和检查，以及多台自动引导车（AGV）的应用，有望支持面临人力短缺的制造现场，更将有助于实现生产机械的无线化，降低布局变更所带来的成本，将使生产线更加灵活。

韩国于 2018 年底成为全球第一个向公众提供基于 3GPP 标准的 5G 商用服务国家，同时韩国发布了 "Manufacturing Industry Innovation 3.0"，推进制造创新发展。韩国在 2019 年 4 月发布 5G + 战略，确定五项核心服务和十大 5G + 战略产业，其中智慧工厂是五项核心业务之一。韩国三大电信运营商在 2018 年 12 月推出的 5G 网络服务主要聚焦在企业侧，首批用户均为制造厂商。韩国 SK TELECOM 的第一个 5G 客户锁定为汽车配件商明化工业，为其提供 5G + AI 机器视觉质检服务，资费模式因客户而定制。LGU + 的第一个 5G 客户是从事工业机械和先进零件的公司斗山工程机械，LGU + 与其共同开发了 5G 远程控制挖掘机。

此外，加拿大（"Digital Canada 150"）、澳大利亚（"Digital Economy Strategy"）、新加坡（"Smart Nation 2025"）、沙特阿拉伯（"'Vision 2030' supports digital economy growth"）、印度（"'Made in India' and 'Digital India' for the future"）、巴西（"Efficient Brazil Strategy"）、俄罗斯（"Digital Economy Strategy"）、泰国（"Thailand 4.0"）、马来西亚（"Digital

Malaysia"）等国家也都制定了数字化战略，直接或间接地为5G服务工业提供了国家战略支持。

三、中国运营商5G建设情况

（一）总体建设规模

据工业和信息化部官网统计数据显示，截至2020年11月，中国已经建成近70万个5G基站，5G终端连接数已超过1.8亿，良好的基础设施促进了许多基于5G的新应用。

2020年上半年，三大运营商合计投入1699亿元资本开支，其中用于5G网络建设的资本开支合计达到879.53亿元。我国5G用户数量发展迅猛，截至2020年8月，中国移动和中国电信的5G（套餐）用户已达1.55亿户；另一方面，据IDC相关统计，自2019年起，国内5G手机累计出货量超过1.16亿台，2020年第三季度，国内市场5G手机出货量约4970万台。

（二）中国移动

中国移动充分发挥5G先导作用，坚持资费先行、终端先行，强化机套匹配，加速客户向5G迁转，推动5G量质并重发展。根据中国移动发布的财务报告显示，截至2020年9月30日，集团移动客户总数约9.46亿户，其中4G客户总数达到7.70亿户，5G套餐客户总数达到1.14亿户。截至2020年上半年，中国移动已在国内超过50个城市累计开通了18.8万个5G基站，提供商用服务。公司全力推进5G SA核心网建设，为实现年内独立组网规模商用奠定了基础。

　　2020 年上半年，中国移动的资本开支为 1010 亿元，全年资本开支计划 1798 亿元。2020 年上半年，中国移动 5G 相关资本开支为 552 亿元，全年计划约 1050 亿元。中国移动全年新建 5G 基站数量预计达到 30 万个。

　　除了 5G 建网投资，中国移动对数据中心也有投资计划。中国移动表示，要加快推进移动云基础设施建设，进一步完善 IT 云资源布局；优化形成 "3（热点区域中心）+3（跨省中心）+X（省级中心 + 业务节点）" 数据中心布局。中国电信表示，未来公司将继续加快在京津冀、长三角、粤港澳、川渝陕的大型数据中心建设，发挥运营商独具的互联网接入能力、丰富的产品体系、安全可靠的服务保障、雄厚的客户资源，持续巩固 IDC 领先优势。

　　在推动 5G 基础设施建设的同时，中国移动更加注重加速 5G 的应用推广。面向广大公众用户，推出了超高清直播、云游戏、云 VR 等特色业务，为广大客户提供更精彩、更优质的信息通信服务。中国移动等运营商联合发布了 5G 消息白皮书，以探索 5G 应用的运营新模式、消息新生态和流量新入口，目前 5G 新消息在部分地区已开展现网试点。面向垂直行业客户，中国移动推出了 5G 智慧工厂、智慧电力、智慧钢铁、智慧港口、智慧矿山等 15 个重点细分行业解决方案。同时，中国移动加快构建 5G 平台和通用能力，布局了 OneCity 智慧城市、工业互联网等九大行业平台，初步完成了 5G 专网产品化，并发布了 5G 模块 "扬帆计划"。在疫情防控的特殊时期，人们习以为常的工作、生活方式受到了极大的影响，而以5G为代表的信息技术应用则为人们提供了良好的解决方案。5G远程医疗实现了相隔千里的"面对面"治疗方案交流；5G远程教育助力校园复教，实现学生"停课不停学"；5G智能工厂作业区域实现无人化、少人化。此外，5G热力成像测温系统、5G无人物流车、5G远程操控等应用在复工复产中发挥了重要作用，云办公、云视频、云商贸等也得到了快速普及。作为主要的建设者、推动者和服务者，中国移动深刻地感受到5G在推动数字经济进入智能引领新时代的巨大潜力和无限未来。中国移动将继续深化实施"5G＋"计划，加速5G融入百业、服务大众，确保5G领先优势。

（三）中国电信

中国电信主动迎接科技融合创新，把握数字经济加速发展和生产生活的数字化、网络化和智能化的宝贵机遇，发挥新型基础设施资源优势，以客户为中心，加快5G规模商用，拓展综合信息服务，努力推动规模效益发展。

中国电信为快速形成5G网络能力，在基础网络方面，公司持续与中国联合网络通信有限公司开展5G网络共建共享。上半年投资人民币202亿元，建成开通5G基站约8万站，在用5G基站接近21万站，快速建立网络覆盖能力，有效降低网络建设和运营成本，200兆带宽实现2.7Gbps峰值下行速率，5G速率客户体验领先。用户数方面，2020年上半年，公司移动用户达到3.43亿户，净增790万户，5G套餐用户达到3784万户，天翼超高清、云游戏、云 VR 等 5G 应用用户快速增长，5G 业务持续拉动移动用户价值增长，移动用户 ARPU 较去年下半年实现企稳回升，用户价值企稳回升。

中国电信发挥网络共建共享成效，迅速在超过 50 个重点城市实现 5G 网络连续覆盖，率先实现业界领先的 5G 商用网速，聚焦 AR/VR、云游戏、超高清等应用，广泛开展创新合作，引入超过千部超高清、VR 影视内容，上线数百部云游戏，推出"天翼云 AR"产品，打造"云赏中国"等众多 VR 直播内容，持续推广"5G ＋ 权益 ＋ 应用"的 5G 会员服务模式，牵引 4G 用户升级，促进个人客户价值提升，5G 业务赢得良好开局，移动业务市场地位进一步巩固提升。

（四）中国联通

中国联通克服疫情不利影响，提前完成 10 万站建设目标，平均速率下行 725Mbps、上行 89Mbps。

2020 年上半年，中国联通资本开支 258 亿元，其中 5G 开支 126 亿元。公司有序布局推动 5G 业务发展。面向公众市场，确保用户体验和价值提升，配合 5G 网络建设和手机供应的进展，有节奏和有针对性地推广 5G 套餐服务。打造 5G 能力聚合开放平台，引入 HD/4K/8K 视频、AR/VR、云游戏等特色业务。深度推进产业合作，打造"终端 ＋ 内容 ＋ 应用"一体化的 5G 泛智能终端生态，赋能消费互联网。渠道上聚焦 5G 触点，线上线下一体化，多维度场景化精准营销。5G 用户发展按计划稳步推进。面向政企市场，中国联通聚焦工业互联网、智慧城市、医疗健康等领域，打造多个 5G 灯塔项目，成功实现了 5G 应用商业化落地。加快孵化行业产品，做实"中国联通 5G 应用创新联盟"，积极推进行业生态建设和繁荣，助力未来创新增长。下半年，随着 5G 技术、网络、终端和应用的逐步成熟，公司将进一步深化开放合作，强化价值经营，积极发挥联通 5Gn 独特竞争优势，以 5G 引领移动业务价值持续提升。

同样在 2020 年 11 月，中国联通公布了在 5G 业务上的最新进展，截至 10 月 22 日，中国联通累计开通 5G 基站 33.2 万站，到年底 5G 基站规模预计超 38 万个。积极稳妥地推进独立组网商用进程，提升 5G 网络对用户和行业应用的支撑能力，在网络部署升级、业务对接、独立组网市场策略、终端兼容性验证等方面稳步推进。

（五）中国广电

中国广电稳步推进全国有线电视网络整合与广电 5G 建设一体化发展。广电与中国移动于 2020 年 5 月 20 日签订有关 5G 共建共享之合作框架协议（简称 5G 合作框架协议），在基站建设、频段共享等方面深入合作。双方将共同建设并使用 700MHz 频段 5G 无线网络，网络建成后，将由中国移动提供网络运行维护，中国广电需支付运行维护费用，中国移动也将有偿提供 700MHz 频段 5G 基站到中国广电省、地、市对接点的传输承载网络。双方也将在产品、运营、平台等诸多方面展开交流合作，共同打造"网络＋内容"生态。

中国移动通过本次与中国广电共享 700MHz 频段，可以以较低成本在农村等偏远地区建立 5G 组网，提升业务覆盖范围。与中国移动合作可使中国广电通过有偿支付的方式，几乎零周期、零门槛地拥有覆盖全国的移动通信服务能力，对中国广电迅速进入移动通信市场提供了极大的便利性，有利于中国广电在政企、广电内容等领域获得突破。

（六）铁塔公司

中国铁塔也在半年财报中披露了 5G 建设的最新进展。中国铁塔董事长表示，截至 2020 年 6 月底，累计承接 5G 基础设施建设需求 59.3 万个，"运营商希望到 6 月末交付 35 万，我们已经完成交付 38 万。目前整体的承接建设需求和 5G 的建设都在正常进行中，未来我们也按照国家新基建政策的导向，继续做好运营商提出的 5G 建设需求。"

中国铁塔披露的数据显示，2020 年 1—6 月，该公司完成 5G 建设项目 21.5 万个，应交付需求完工率 108%，97% 通过已有资源共享解决。该公司表示，截至 6 月底，大多数地市政府均明确开放公共资源，简化审批手续，将 5G 建设纳入政府督办事项，并会同运营商获取超过 75 项电费优惠相关政策。通过借力政策，解决选址难、进场难、成本高等问题，有效降低了行业成本。

2020 年上半年，中国铁塔资本开支为 143.02 亿元。在 3 月举行的 2019 年业绩发布会上，中国铁塔表示，2020 年初步安排资本开支 280 亿元，与 2019 年的 271 亿元大体持平。其中，170 亿左右用于 5G 投资。

第四节 5G运营态势

一、5G运营处于导入期

要把5G网络建设成具备全覆盖、全服务、全业务能力的平台，其所投入的资金无疑是巨大的，运营商服务模式转型更是一个漫长的过程。

当前，5G先行者们正在经受5G建设、运营和业务发展的阵痛，有些问题还是初次遭遇。

以韩国为例，借助2018年平昌冬奥会的机遇，韩国运营商成功首秀世界上第一个5G实验网，2019年4月，韩国抢到全球最先商用5G的国家的荣誉，创下69天5G用户突破100万的成绩，2019年底发展了467万5G用户。韩国5G一时之间成为了通信行业的风向标。

进入2020年后，5G供应链受全球新冠肺炎疫情和贸易摩擦的影响，韩国5G部署初期存在的问题逐渐显露，韩国三大运营商SK Telecom（SK电信），Korea Telecom（韩国电信，简称KT）与LG U+2020半年业绩报告的表现只能说差强人意。

从发展用户指标来看，韩国三大运营商的5G用户增长趋势已然放缓，截至2020年6月底韩国三大运营商共计录得737万5G用户，然而自2019年四季度开始，5G用户的新增规模已大幅回落。对照此前设定的20%—25%的5G用户渗透率的发展目标，实现难度不小。SK Telecom的CFO更明确宣布到

2020 年底 5G 用户要超过 700 万。但从 2020 年上半年的市场形势来看，SK Telecom 仅新增了 126 万用户，要实现 700 万 5G 用户的发展目标，意味着下半年新增 5G 用户数要超过 360 万。雪上加霜的是，进入下半年韩国媒体还报出 1—8 月累计共有约 56.3 万 5G 用户因续航、资费、覆盖和体验不符预期而重返 4G 的情况。

从终端销售情况来看，韩国通过补贴争夺用户的负面作用开始显现。韩国运营商为购买 5G 手机和升级 5G 套餐的用户提供了从 10.9 万韩元到 47.5 万韩元不等的补贴。例如，搭载高通 855 芯片的 LG V50 ThinQ 是一款双屏手机，市场售价 120 万韩元，但最激进的运营商可以为其提供 77 万韩元的补贴，再加上其他促销，用户最低只需支付 31 万韩元（约合 286 美元）就可以入手。手机补贴政策加大了运营商的财务压力。更糟糕的是补贴大战被韩国通信委员会（Korea Communications Commission，KCC）在 2019 年 9 月叫停，并在 2020 年 7 月给三大运营商的非法补贴竞争开出了高达 512 亿韩元（约 4670 万美元）的罚单。巨额补贴被叫停后，韩国 5G 新增用户数从三季度的 213 万，骤降到了四季度的 120 万。2020 年最新发售的 5G 新机型三星 Galaxy S20，首日日销量仅有 7 万台，大约是 2019 年 10 月 25 日苹果推出的 iPhone 11（仅支持 4G）的首日销量的 1/2。

从网络服务能力来看，韩国三大运营商在 2020 年上半年共计投资了 4 万亿韩元（约 33 亿美元）用以扩展其 5G 网络覆盖，截至 4 月开通了 11.5 万个 5G 基站。但是根据 OpenSignal

6月的报告，在其收集的韩国21.8万部5G手机于2020年2月1日到4月30日的使用情况来看，SK Telecom 的5G手机用户只有15.4%的时间连接在5G网络上，KT的5G手机用户连接5G网络的时间只有12.5%，LG U+的用户是15.1%，也就是说超过80%的时间这些5G手机用户使用的还是4G网络。同时5G手机用户普遍反映5G网络室内体验不佳。OpenSignal的报告还有网速的测试结果，韩国三大运营商中，LG U+的5G网络下载速率最高只能达到237.2Mbps，5G用户数最多的SK Telecom是220.4Mbps，而KT的5G速率只有214.8 Mbps。对标2019年的4G测试结果52.4Mbps，提升仅为4倍（这一比值与韩国科学技术和信息通信部测速比对结果一致），业务体验没有明显提升。

从投资营收水平来看，韩国运营商承受巨大压力。以LG U+为例，其2019年第二和第三季度的市场成本同比分别增长了11%和18%，但运营收入却同比下降了30%和32%。在2019年二三季度用户 ARPU 值短暂抬头之后，四季度时又重回下行通道，移动服务业务坠入了"增量不增收"的"陷阱"。然而，为了建设5G网络，韩国三大运营商在2019年的CAPEX投资总和却从2018年的5.5万亿韩元增加到了8.8万亿韩元，增幅将近60%。除了CAPEX建设成本投入外，韩国三大运营商2019年度的OPEX运营支出也大幅上升。例如，其2019年的市场费用同比增长了18%，而5G手机等产品的采购成本则同比增加了19%。由此必然导致其经营利润下滑，LG U+在

2019 年的经营利润同比下降了 6%，SK 下降了 8%，最惨的 KT 大幅下滑了 22%。特别是在 5G 商用后的 2019 年由于成本支出的大幅上升，经营利润率已经跌入近三年的低点。

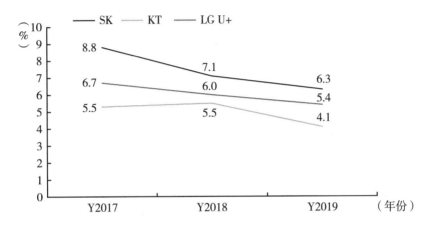

图 3—7　韩国三大运营商运营利润率

二、5G 运营面临的挑战：供给侧

（一）5G 技术成熟度的挑战

我国 5G 商用时间距离第一个完整版本的 5G 标准（R15）还不到一年，目前主要应用场景还是在宽带移动接入。中国在 2020 年全球率先开展独立组网（SA）大规模建设，将启动 SBA（基于服务的网络体系）和虚拟化以及网络切片等新功能，但 SDN、NFV、网络切片、SD—WAN、TSN 等技术的大规模商用能力没有经过充分验证，部署独立组网面临探路的风险。在密集业务流区域需要使用毫米波技术，我国在这个频段的技术积累是短板。

（二）5G 建设与运维成熟度的挑战

5G 网络使用频谱较高，基站密度较大，将导致基站数量特别是城市基站数量激增。根据中国信息通信研究院估算，在同等覆盖情况下，5G 中频段基站数量将是 4G 的 1.5 倍左右，由于初期 5G 设备成本较高，5G 网络投资规模将是 4G 的 2—3 倍。除无线网外，5G 网络的部署还包括传输网、核心网。传输网折合到单个基站上的成本约合 5 万到 10 万元（人民币），5G 核心网采用全新独立组网架构和边云协同部署模式，需要新建更靠近用户、能实现边缘计算的数据中心，这种结构的网络改造无疑也要投入巨大的成本。

在独立组网体制下，全网复杂路由的 SDN 缺乏运用经验，网络切片与现有网络如何兼容也存在问题。运营商联合组网创新模式仍有待探索，国外运营商虽可以一定程度作为借鉴，但共享的深度规模还都不能跟中国电信和联通合建 5G 网络相比。中国电信、中国联通、中国广电 3 家企业在全国范围共同使用 3300—3400MHz 频段频率用于 5G 室内覆盖，前提是需要接口和网管的标准。采用全网集中一个 OSS 有利于基于业务与网络资源大数据的统计与智能分析，自动生成通信设备与服务的全局优化编排方案，但处理能力和处理时延难以满足要求。如果按区域设置 OSS，则各 OSS 需要与中央 OSS 互通，将引入时延。

（三）产业链成熟度的挑战

"低功耗、低成本的 5G 终端是大规模商用的瓶颈，业界寄希望于国产多模多屏支持 SA 的芯片大规模量产。"目前市场上

5G 终端基带芯片以 7 纳米工艺为主，而下一代更高工艺水平的芯片在国外已开始发布。我国自研的新一代 5G 终端芯片的供应链有受制于人的风险，芯片的持续创新压力很大。

5G 的基站功耗经过半年多的努力已经不断下降，但目前 5G 基站功耗仍还是 4G 的三倍，主要在于多天线造成的功耗，进一步下降难度较大。

此外，国产手机的新一代操作系统和运行平台的成熟性、可靠性、兼容性还有待考验。

三、5G 运营存在的挑战：需求侧

总的来说，5G 的杀手级应用尚未找到，新的商业模式尚未能发掘，现有物联网带来的收益有限，自动驾驶和工业互联网等垂直行业业务离成熟尚有较长的一段距离，运营商短期还看不到脱离管道化模式的清晰路径。

（一）增强宽带业务应用体验增长对运营商收入影响有限

根据中国移动发布的《智能硬件质量报告》中的评测结果显示，5G 网络下直播类、社交类、网盘类、APP 市场类应用的用户上传体验大幅上升，主要场景包括直播体验显著提升，文件上传速率大幅提高，视频缓冲加载、云游戏缓冲时间缩短等方面。值得注意的是，视频类业务因缺乏高分辨率的视频资源，体验提升一般；不同应用服务提供商的体验差异比较大，服务器限速、CDN 配置策略成为新的带宽瓶颈，5G 体验一致性有待提升。

对比中国移动发布 2020 年半年业绩情况可以发现，在用户 5G 体验显著提升的同时，上半年通信服务收入为人民币 3582 亿元，同比增长 1.9%，移动用户 ARPU 为 50.3 元，同比下降 3.7%；其中 4G 迁转 5G 用户的 ARPU 较之前增长 5.9%，DOU 增长 23%。而根据中国移动公布的 2020 年上半年能源使用费数据显示，中国移动仅在 2020 年上半年的电费就达到了 236.93 亿元，同比上涨 13.2%。5G 商用初期，相关行业企业难以负担庞大的 5G 应用研发费用。在 4G 建设成本尚未收回的情况下启动 5G，运营商面临巨大的成本压力。

（二）垂直行业 5G 应用模式仍需探索

行业应用个性化明显，且关系到产业链上下游的协同开放，还涉及行业的管理和准入，目前行业的刚需与跨界合作及商业模式还不清晰，行业主导的积极性还有待发挥。例如已有企业提出自建 5G 企业专网要求，这需要考虑专网的频率规划与管理以及干扰协调等政策制度的完善。

远程医疗、无人驾驶、机器人的应用很多涉及到产业安全、人身安全、隐私保护以及伦理，超出了现有法律规范的内容，需要加快完善和 5G 应用有关的法律法规体系。

工业互联网应用，无论是设备商、工业企业，还是运营商，在推进 5G＋工业互联网的融合过程中，对各自的角色分工都还处于探索状态，未能形成有序的合作模式，当前的合作还主要是随机性的。应用成果主要还是集中在点上的应用，未能真正形成面上的变革。5G 和工业互联网作为推动数字经济发展的关键要素,在工业领域的落地需要先推动企业数字化改造升级,行业与运营共建网络从关键技术、合作模式、综合成本和安全保障方面还有很长的一段路要走。

最后,现有行业终端是基于5G CPE方式,难以发挥真正意义上的5G应用效果,需要有规格品种丰富的5G行业模组及芯片,需要增强模组中间的多场景适应性以降低成本。

四、5G产业发展需要久久为功

5G网络的建设是5G经济的前提,5G经济的发展需要产业链上的运营商、设备商、内容提供商和相关行业等相关方都有盈利,才能够相向而行,健康发展。

运营商面临着利用5G技术盈利的挑战,相关行业转型升级时不我待。两者都需要以开放的形态增进合作。电信运营商主动了解相关行业,提供按需配置的5G网络、通过商业模式创新和协同安全实践建立与垂直行业密切互信的合作伙伴关系,帮助相关行业充分变现实现赢利。相关行业也要积极转变投入,以开放的姿态抓住5G发展的契机,提前研判5G可能给行业带来的影响。双方要携手同行,增进彼此了解,针对行业需求研制出具有针对性的降本增效的网络解决方案,并做好成功经验的总结和宣传。电信运营商、通信设备商、5G行业智库等组织与相关行业客户变成合作伙伴,依托新的商业模式多方合作实现共同成长。

因此,5G的成败与社会发展与进步息息相关。面向数字化转型，充分发挥 5G 的商业价值，需要政府各部门、运营商、移动生态系统成员和相关行业紧密合作、统筹协调，落实激励措施和出台恰当的政策细则。

1. 政府从政策和资金方面支持 5G 建设。研究制定支持 5G 融合应用发展的政策、法规、监管、金融措施，营造良好的 5G 应用创新政策环境，通过试点示范落地更多相关行业应用。

2. 网络建设需要多方统筹。网络建设需要设备商比如华为、诺基亚贝尔、爱立信提供足够的设备，需要高通、因特尔等提供芯片，电信运营商部署网络投资规模巨大，需要新的商业模式，能耗大，复杂的电力流程需要改造，基站安装需要与小区物业沟通。

3. 通信行业与相关行业广泛合作。相关行业制定 5G 商用路线图，找到需要 5G 技术解决的真正痛点。让 5G 真正给相关行业带来价值，需加强相关行业和通信行业交流和磨合，需要培育能够对接通信技术供给和行业需求、形成整体解决方案的系统平台方案提供商。

5G 技术的全球产业链、供应链、价值链高度融合，是全球化大潮下各国交流合作的产物，是国际社会共同的高科技创新成果。加强 5G 科技国际交流与合作，共同发展、互利共赢，为促进全人类福祉作出积极贡献。

第四章　5G 应用

第一节　综述

5G 技术以更快的传输速度、超低的时延、海量连接开启万物互联新时代，不仅为传统移动用户带来更优质的业务体验，也为各行各业不断数字化、智能化带来了新的契机。伴随着 5G 而来的，还包括边缘计算、人工智能、AR/VR 等不断繁荣的新型基础技术，为行业应用的演进和重塑增添了活力，5G 与各类新型技术高效整合，将促进传统垂直行业颠覆性重塑，实现巨大的经济价值。

2019 年，中国 5G 商用服务正式开启，5G 的部署规模不断扩大，运营商、垂直行业也开启了相关应用的合作与落地探索。在工业界，将 5G 与工业制造、生产相结合，提供高性能、高可靠的工业设备连接，提高生产效率及质量。在医疗行业，利用 5G 技术快速、高质量地传输诊断信息，促进远程医疗的可实现性，解决医疗资源不均衡的问题。在教育行业，将 5G 技术与虚拟现实结合，增强课堂及实验的沉浸式体验。在智慧城市方面，5G 与车联网、网络舆情、城市立体安防结合，打造智能城市管理，提升城市居民及行业管理人员的体验。

本章汇集了5G与工业、农业、医疗、智慧城市、社会监管、教育及媒体等诸多领域融合应用实践，聚焦新一代信息技术在行业市场的应用场景，旨在分享5G在垂直行业的特色应用及探索经验，可为5G技术的应用推广与发展带来参考与启发。

第二节 5G终端应用

一、5G智能手机发展情况

（一）5G手机行业概况

1. 4G末尾时代，经历了10年黄金期的智能手机市场已趋于饱和，2016年全球出货量为14.7亿部，达到巅峰。从2017年4季度到2019年1季度，由于缺乏创新刺激、民众换机欲望低等因素，每季智能手机出货量皆成同比下滑之势。

2. 5G助力行业转型，是引致手机行业变化的新变量。5G具有速度快、泛在网络和低时延等特点，5G手机是5G应用的典型终端，也是目前最先推出的5G终端设备。随着5G基础设施的不断渗透、运营商5G套餐等配套服务的不断提升，5G手机发展势在必行。

中国移动最近的5G终端消费趋势报告显示。5G成手机头部品牌"较量场"，2019年底头部厂商开始试水，进入2020年后5G手机爆发，并逐渐在中低价格段普及。同时根据IDC预测

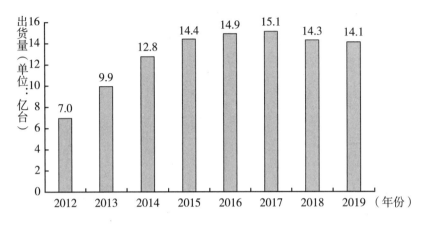

图 4—1 全国智能手机出货量

数据来源：Strategy Analytics

数据，到 2024 年全球 5G 手机销量将从 0.16 亿台，增长到 7.3 亿台，复合年均增长率将达到 115%。

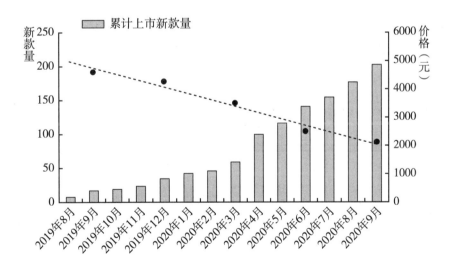

图 4—2 国内 5G 手机累计上市新款量与价格变化

数据来源：中国信息通信研究院

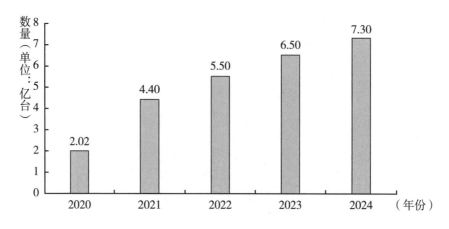

图4—3 全球5G手机预计销量

数据来源：IDC

（二）5G手机行业政策环境

1. 市场驱动力大

我们可以从历史数据中发现每一次通信技术的升级，都会带来大规模换机潮。2013年底，工业和信息化部向三大运营商正式发布4G牌照，到2014年迎来换机潮。相关数据显示，当年的4G手机占总体出货量的70%。多个国际权威机构也预测5G将会是支撑智能手机市场增长的主要驱动力，使得智能手机市场迎来回暖。

经过2019年的入门年，5G技术正在逐步发展，5G产业链趋于成熟，用户认可度也在逐步提高，以及5G产品售价的降低，必将推动5G换机热潮。市场需求的增加也将推进各大厂商进军的步伐，享受5G市场带来的红利。

此外，相关新技术和新需求也将反向推动5G手机的发展。

比如5G巨大的数据传输量对智能机散热以及续航提出了高要求，5G网络拥有的高速率、低时延的特性，用户也将对视频实时传输清晰度有更高要求，而在续航、影像等领域具有技术积累的厂商，则有望实现快速增长。

2. 政策持续利好

从2017年政府工作报告首次提到"5G"，到2019年5G应用从移动互联网走向工业互联网，进入商用元年，国家政策对5G的重视度不断提升，中央政治局会议、国务院常务会议等会议和相关文件多次强调"加快5G商用步伐"，充分体现了5G基建对于拉动新基建和经济增长的重要性和紧迫性。政策是重要驱动因素，都必将对5G终端尤其是5G手机的发展产生巨大推力。

（三）5G手机行业市场竞争格局

目前，全球智能手机行业正处于行业发展的成熟期，市场增长率趋于稳定，品牌竞争格局也已形成，运用高新技术研发更高端的产品从而占领行业市场份额已成为主要的竞争手段。伴随着5G技术不断发展，5G商用时代的到来，5G智能手机或将成为全球智能手机品牌的新赛点，为行业带来新增长。

1. 5G手机国际市场格局。根据前瞻产业研究院整理数据显示，2020年第一季度，全球5G智能手机出货量增至2410万部，远超2019年全年的1870万部。尽管受新冠疫情影响，但全球特别是中国对5G智能手机的需求依然强劲。中国是5G智能手

117

机需求的领导者，但韩国、美国和欧洲的需求也在增长。随着更多地区接入5G网络，5G智能手机需求有望在未来继续实现增长。

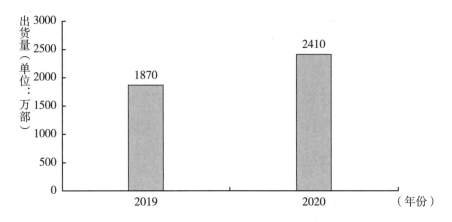

图4—4　2019—2020年第一季度全球5G智能手机出货量趋势

数据来源：Strategy Analytics

2. 5G手机品牌竞争格局。前瞻产业研究院整理的相关数据显示，2020年第一季度，主要的几大5G手机厂商中，中国相关厂商出货量占61%，其中大部分流向了中国市场。这反映了中国运营商加速5G网络部署速度以及对5G智能手机的潜在需求。2020年一季度5G手机市场，华为、三星占据较大份额，但随着众多头部厂商面向各价位段、不同产品定位的5G手机陆续进入市场，互相之间的竞争关系日趋激烈。根据中国移动2020年10月5G终端消费趋势报告显示华为、荣耀凭借5G产品和5G网络制式的优势，推荐值大幅领先其他品牌。

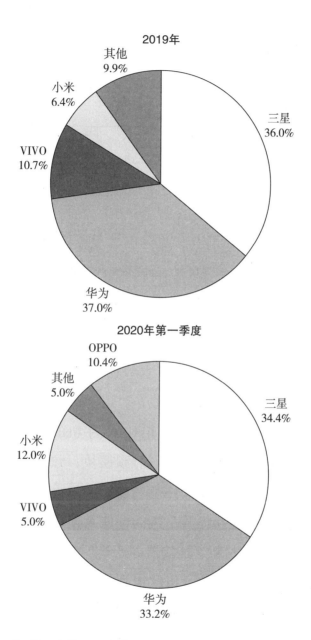

图4—5 2019 年及 2020 年第一季度全球 5G 智能手机市场格局占比

数据来源：Strategy Analytics

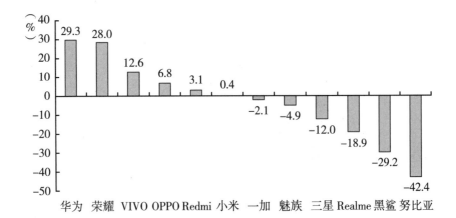

图 4—6　不同 5G 手机品牌用户推荐意愿

数据来源：中国移动《2020 年 5G 终端消费趋势报告》

3. 产业链机遇与风险并存。5G 在核心技术、频段、组网模式等方面都表现出了其独特性，这些独特性都要求 5G 终端在其功能与零部件上要紧跟技术变化。

在零部件等方面，5G 手机相对 4G 手机的核心变化是射频系统的变化，直接影响到基带、射频模块、滤波器、天线、电感等产业环节，该部分零部件市场增长空间大。在射频系统变化的基础上，为保证及提升手机的性能及使用体验，将对电池PACK、电芯、散热材料、连接器等产业环节带来间接影响。而显示屏模块、摄像头模块、指纹识别模块以及声学模块等则拥有相对独立的创新周期，与 5G 手机变化的直接关联度不大，但也间接受益。

手机组装方面，全球约 70% 的手机在中国大陆组装，其余产能分布在印度、越南、印尼等东南亚地区以及巴西等地。5G

时代，对于中国大陆来说，整机组装风险与机遇并存。风险在于东南亚对组装产业的不断挤占，机遇在于中国大陆企业逐步介入高端手机组装。

（四）5G手机行业发展趋势分析

1.5G手机市场前景广阔，品牌竞争加剧。随着5G商用的落地，用户对5G手机的需求将不断增加，获批5G的手机型号也将有所增长。在供给侧和需求侧的双轮驱动下，5G手机市场将呈现跨越式增长。同时全球主要智能手机品牌竞争加剧，市场格局或将打破。

2.5G手机可能会是多端协同的重要中介。实现跨平台、跨系统的多端协同技术正在逐步推广，未来通过5G网络将手机镜像至电脑，实现跨系统协同操作，进行文件的跨屏传输、来电的跨屏接听等等可大大提升工作的效率；5G手机与车联网、智能家居的互联互通，可大大提高生活品质。5G手机未来可能是实现多端协同的重要中介。

二、5G泛终端发展情况

5G时代万物互联，在5G终端方面，除了智能手机，具备5G通信模组的汽车、VR/MR眼镜等统称为泛终端。每种泛终端的出现带来新商业模式的同时，也为人类带来新的生活体验与工业生产方式变革。

（一）VR/MR眼镜

VR（Virtual Reality）眼镜能够将用户带入到一个纯虚拟的

数字世界，带来沉浸式虚拟现实体验。在4G时代，VR行业一直苦于带宽受限无法得到广泛应用，最典型的例子，4G网络下，我们观看VR视频直播会有眩晕不适感，这是因为4G网络速率慢、延迟相对较大。5G的高速率、低延时为VR的发展带来了东风，5G的应用对于VR场景应用来说是一个新的机会。5G网络的到来将能更好地满足VR业务的需求，促进VR创新应用发展，赋能包括5G云VR在内的一系列商用服务，带来高清晰、低时延、3D动态的沉浸式体验。

传统VR眼镜体积大、笨重、不利于携带、观看体验差、内容匮乏等缺点成为其普及之路上绊脚石，产品形态的创新、观看的体验提升、佩戴感受的优化、交互的人性化、内容的增强等一系列变革势在必行。为了给用户带来更好的体验，轻薄VR眼镜是发展方向。

但是，沉浸式的VR眼镜的应用局限在一定场景之中。为了保护用户在佩戴VR眼镜时的行动安全及保障用户在虚拟世界中的体验不被干扰，用户的行动受到了限制，不能随意走动，用户也不能与真实世界产生交互。

不同于沉浸式VR眼镜所构建的虚拟世界，MR（Mixed Reality）眼镜创造了增强现实（Augmented Reality）的世界，它将一些额外的虚拟信息叠加到真实世界中，但又不屏蔽用户对真实世界的感知。MR眼镜帮助用户获得一种新的认知世界的能力，它能够将用户看到的物体进行信息标注，极大提高用户认知世界的广度和深度。

美国谷歌公司是最早研发相关技术和产品的公司。2013 年谷歌眼镜推出，是首批增强现实设备之一，这种眼镜利用微型投影仪将计算机生成的图像投射到用户眼睛里，因此图像看起来像是"漂浮"在现实世界中。

5G 网络能力是 MR 眼镜推广应用的重要加持。MR 眼镜既可以通过 5G 的高带宽获得高清多媒体服务，也可以通过 5G 网络的本地部署让用户获得某个区域内定制化服务内容。例如，当你走进博物馆的某一件展品前，与这件展品相关的历史事件场景就会浮现在你眼前。

（二）网联汽车与自动驾驶汽车

5G 对交通和汽车行业的转型发展将产生深远影响。在理想的场景中，5G 技术将实现"万物互联"，人、车、路之间不再彼此割裂，而是真正融为一体。5G 网络由于可以为车辆提供毫秒级超低时延，最高可达 10GB/S 的传输速率，以及每平方公里高达百万的连接数和超高可靠性，帮助车辆在远程环境感知、信息交互和协同控制等关键技术上取得突破，让车辆在面对复杂路况时响应更快、行驶更安全。

网联汽车（Connected Vehicle）概念最早在 1996 年由美国通用汽车公司提出的。最初使用的网络信道是 2G 的 CDMA 系统，服务内容主要是一些网络带宽要求低的内容，如信息订阅、汽车导航等内容。到 2014 年，部分汽车公司开始在车内提供 4G 连接。在 5G 时代，高清 3D 地图等高带宽应用成为可能。

5G 对于网联汽车，不仅仅是提供高带宽能力，更有深远影响的应用是车路协同应用，称为 5G NR + V2X（Vehicle To Everything）应用，包括 3 种典型场景。

V2I（Vehicle To Infrastructure）是汽车与路旁服务设施的通信场景，具体应用包括基于 V2I 的道路异常状态预警、道路湿滑预警、道路施工预警、交通标识标牌信息显示等。图 4—7 为基于 V2I 的道路施工预警的示意图。V2X 路侧终端获取施工区位置信息，V2X 路侧终端通过 V2I 通信将道路施工信息发送至周边车辆，主车（HV）V2X 车载终端接收路侧终端信息，驾驶员自主调整速度及行驶线路绕开施工区域。

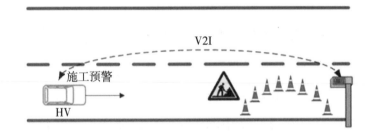

图 4—7　基于 V2I 的道路施工预警

图片来源：北京星云互联科技有限公司官网

V2V（Vehicle To Vehicle）是汽车与汽车之间通信场景，具体应用包括基于 V2V 的危险品运输车预警、基于 V2V 的紧急车辆优先通行、基于 V2V 的前车紧急刹车预警、基于 V2V 的换道碰撞预警等。图 4—8 为基于 V2V 的危险品运输车预警的示意图。主车（HV）行驶过程中靠近危险品运输车辆或危险品运输车辆行驶过程中靠近主车，危险品运输车辆与主车通过 V2V 交互各自位置及运行状态信息，主车（HV）V2X 车载终端接收危险品运输车辆靠近信息并向主车（HV）发出危险品运输车预警，主车（HV）驾驶员自主调整驾驶行为以尽快避开危险品运输车。

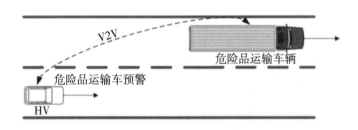

图 4—8　基于 V2V 的危险品运输车预警

图片来源：北京星云互联科技有限公司官网

　　V2P（Vehicle To Pedestrian）是汽车与行人之间的通信场景，具体应用包括基于 V2P 的行人预警、基于 V2P 的乘客候车时间规划等。图 4—9 为基于 V2P 的行人预警的示意图。路侧微基站根据手持终端位置实时感知行人位置及运动状态，并将感知的行人信息发送至 V2X 路侧终端，V2X 路侧终端通过 V2I 通信将感知到的行人信息发送至周边机动车，主车（HV）V2X 车载终端接收路侧终端信息并计算车与周边行人的运行轨迹，当主车（HV）与行人存在碰撞风险时 V2X 车载终端向主车（HV）发出行人碰撞预警，驾驶员自主调整速度避免碰撞。

　　自动驾驶的应用场景比网联汽车更遥远一些。自动驾驶汽车包含网联汽车目标导航、道路感知、交通感知等功能，5G 网络仍然是重要的支撑基础。虽然从长期发展角度来看，自动驾驶汽车对 5G 网络有更大的依赖，但短期内自动驾驶的核心技术内容在于传感、决策、执行相关的计算与机械控制技术。

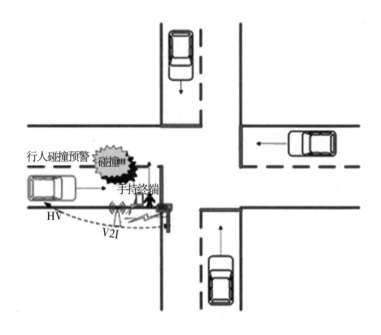

图4—9　基于 V2P 的行人预警

图片来源：北京星云互联科技有限公司官网

　　5G 网络在自动驾驶汽车发展过程中将起到重要的支撑作用。5G 网络是训练和发展自动驾驶智能所需数据的理想采集平台。基于 5G 网络的路旁设备对路况信息的实时观测，可以建立一个城市的仿真交通模型。这个模型对于训练和优化自动驾驶的决策非常重要。因此，实时数据与仿真模型将是 5G 网络在自动驾驶场景中服务的重要领域。

　　从自动驾驶运营角度，5G 也提供了一些新的可能。当遇到自动驾驶车辆无法自主处理的场景，L3 级别以上的自动驾驶系统可做出判断并通知位于控制中心的驾驶员远程介入。远程驾驶员可以操控多辆无人驾驶车辆。因此，5G 可以协助对城市固定路线车辆实现部分智能云控制。

(三) 无人机

无人机 (Unmanned Aerial Vehicle, UAV) 是一个新生代终端。无人机全球市场在过去十年中大幅增长,已广泛应用于电力、公用事业、农牧业、能源等诸多领域。然而受限于通信链路的带宽、延时等多方限制,低空无人机在行业中的应用发展仍受到一定制约。也正是因为 5G 的超高速、超低时延和超高可靠性特征,当其与无人机相结合时,正引发低空数字经济蓬勃发展。"5G + 无人机"应用案例如下。

电力巡检:输电铁塔、导线、绝缘子等设备位处高空,应用无人机巡查,既能避免高空爬塔作业的安全风险,亦可以 360°全视角查看设备细节情况,提高巡视质量。当前的 4G 网络只能支持 1K 的图传,对于某些细节检查,视频和图片的清晰度明显不足,而 5G 网络可实现上行单用户体验速率 100Mbps 以上,空口时延 10ms,将使得实时视频更加流畅、更加清晰、巡查效果更优。

消防:在 5G 网络和无人机的配合下,消防员能够获得火灾现场高清画面的实时回传,为指挥中心决策提供重要支持;同时基于 5G 网络,无人机根据指令对特定位置快速准确地喷洒干粉灭火。

应急通信:在发生自然灾害地面基站遭到破坏时,无人机可以作为高空 5G 基站,覆盖数千米范围,为近千个手机用户提供即时通信服务,保障救援工作顺利进行。

环境保护：无人机搭载高清摄像机，对环境保护区域进行航拍，并通过5G网络的高带宽能力将超高清视频实时回传。监控人员通过监控画面实现环境保护区的远程巡查和监测，降低人工成本并提高监测效率。

物流配送：近年来，国内外的主要物流企业纷纷开始布局无人机配送业务，以实现节省人力、降低成本的目的。地面人员可通过5G网络低时延的特性，实现物流无人机状态的实时监控、远程控制无人机的飞行路线。

（四）医疗仪器

5G在推动构建未来医疗体系的过程中，将推动可联网的智能医疗终端设备领域的快速成长。5G网络的连接能力将会使得很多家用佩戴式、植入式医疗设备变得更加智能。这些医疗设备随着人们越来越重视健康将被越来越多地随身携带。

远程慢性病防护正逐步成为新的医疗服务模式。随着生物电子技术的发展，越来越多的佩戴式、植入式医疗设备为人们所用。这些医疗设备可以自动进行诊疗，包括进行血压、心率、血糖等测量，一般性注射及传输医疗报告。部分医疗设备直接植入人体，如胰岛素泵、人工器官等。这些医疗设备都是5G网络终端，对维护人体健康起到非常重要的作用。

5G网络是这些分布式医疗终端与城市医疗数据中心之间的最佳连接方式。在5G出现以前，限于网络能力，现有设备执行的工作内容十分有限。5G网络正推动新的智能医疗设备的出现及新功能的开发应用。

相对于类似 WIFI 这样的无线局域网技术，由于 5G 网络的实时性、可靠性和安全性及覆盖能力，因此更适合用于传输用户的生命数据，使得用户在移动过程中能够持续传输生命数据和接受医疗指令。

这些医疗设备的出现将使得以医院为中心转变为以患者为中心，实现跨地域、快速和个性化的诊疗。未来的医疗场景可能是这样的：我们佩戴着远程医疗设备，舒适地坐在家里，生命数据实时传递到医疗数据中心，医生根据这些数据给出个性化的治疗方案。

在新冠肺炎疫情期间，中国人民解放军总医院专家利用中国移动的远程超声系统，突破地域限制，为基层医院病人进行超声检查。通过 5G 远程超声系统，总医院专家远程操控病人端的机械臂，采集病人的超声数据并实时反馈，实现在线远程实时诊疗。同时，采用这个系统避免了医患直接接触，降低了交叉感染的风险。

5G 与人工智能、大数据的结合，将大幅度提高医院医疗服务质量，实现优质医疗资源下沉，让高质量的医疗服务进入寻常百姓家。

（五）工业设备

当前，5G 与工业互联网的深度融合正成为促进工业转型升级的重要举措。5G 作为新一代移动通信技术，能够为工业企业生产线柔性化、生产智能化提供网络支撑。5G 未来的应用场景将更多在工业中出现。

5G 为工业设备释放了移动灵活性，增强了视觉感知的能力，同时 5G 与 AI 等技术的结合对智能设备的创新应用具有重要意义。

5G + AGV（Automated Guided Vehicle，简称 AGV），通常也称为 AGV 小车。指装备有电磁或光学等自动导航装置，能够沿规定的导航路径行驶的运输车。利用 5G 大带宽、低延时的特性将小车上的视觉、状态数据等传输至边缘平台，实现对 AGV 的智能监控、任务分配与追踪等智能化功能。

5G + 机器视觉。在工业企业质量管控方面，多数企业的质量检测环节仍采用人工方式，检测效率低下，并且检测结果难追溯。部分大型企业开始使用机器视觉进行质量检测，但由于网络传输能力限制，实现实时反馈的自动化质量检测仍存在很多问题。"5G + 机器视觉"提供了解决方案。例如中国商飞利用"5G + 机器视觉"实现复合材料无损检测，其中首先利用机器视觉检测设备扫描复合材料结构，然后通过 5G 网络将高清检测数据快速传输到云端，在云端中通过训练好的模型实时检测材料质量。

最后，研发具备 5G 网络功能的工业设备时需要充分考虑工业现场的特殊情况，如高温、低温、高湿、腐蚀、震动等，对于石油化工行业等流程行业，还需要考虑防爆要求。

第三节　5G 赋能电力行业

一、背景情况

随着我国用电需求的不断增长，电网的发展面临新的挑战，打造安全、高效、绿色的智能电网系统势在必行。在智能电网发展环节中，电力通信网是支撑智能电网发展的重要基础设施，某运营商通过5G网络建设，为电力通信网络的升级改造提供有效支撑，满足各类电力业务的安全性、实时性、灵活性和可靠性要求。

二、场景需求

电网企业经过多年建设，35kV以上的主网通信网已具备完善的全光骨干网络和可靠高效数据网络，光纤资源已实现35kV及以上厂站、自有物业办公场所/营业所全覆盖。随着大规模配电网自动化、低压集抄、分布式能源接入、用户双向互动、智能化巡检、移动作业终端等业务快速发展，各类电网设备、电力终端、用电客户的通信需求爆发式增长，现有的以光纤为主的通讯网络无法满足电力业务发展的需求，在发、输、变、配和用各个环节对电力通信网提出了新的业务要求。新的业务要求包括如下点：

1. 发电侧要求灵活接入和便捷运维

2. 输电侧要求高效巡检和实时回传

3. 变电侧要求多元接入和安全可靠

4. 配电侧要求海量监测和实时控制

5. 用电侧要求精细管理和个性服务

根据国家能源局安全要求，电力业务的安全总体原则为安全分区、网络专用、横向隔离、纵向认证，传统无线业务的安全隔离性无法达到该标准要求。

三、解决方案

5G智能电网应用解决方案为电力通信网无线接入提供了一种更优的选择，推动新能源厂站通信、电厂智能化巡检、输电线路无人机巡检、变电站综合监控、配网差动保护、配网自动化三遥、配网PMU和高级计量等业务形成新的技术突破。

5G智能电网应用场景贯穿智能电网发、输、变、配、用各个环节，利用5G多样化的网络特性满足不同业务差异化的网络需求，助力电力通信网的升级发展。

1. 智能化巡检。该场景适用于发电/输电/配电等环节，利用5G高速率、低时延、海量连接、快速移动特性实现巡检终端遥控及数据采集，实现巡检高清视频实时回传及远程控制作业。同时结合无人机和机器人应用，扩大巡检范围，提升巡检效率。巡检终端包含无人机、机器人等多种类型，能够提供多路高清视频图像（百兆级以上）及多元的传感信息（红外、温感、湿感、辐射综合回传能力、百毫秒级远程控制能力），有效扩大巡检范围，实现巡检的智能化。

2. 配网差动保护。该场景属于配电环节，配网差动保护的动作原理是配电自动化终端利用5G低时延及高精度网络授时特性，比较两端或多端同时刻电流值（矢量）。当电流差值超过门限值时判定为故障发生，执行差动保护动作，实现配电网故障的精确定位和隔离，并快速切换备用线路，大幅减少停电时间。该业务要求端到端网络时延不大于15ms，网络授时精度小于

10μs，传统的 2/3/4G 通信技术不具备高精度网络授时功能，同时端到端网络时延也无法满足业务需求。5G 能充分满足配网差动保护业务的通信需求，有效促进该业务的推广应用，改善配网运行状态，推动整个智能配电网的升级发展。

3. 高级计量。该场景属于用电环节，高级计量将以智能电表为基础，开展用电信息深度采集，满足智能用电和个性化客户服务需求。对于工商业用户，主要通过企业用能服务系统建设，采集客户数据并智能分析，为企业能效管理服务提供支撑。对于家庭用户，重点通过居民侧"互联网＋"家庭能源管理系统，实现关键用电信息、电价信息与居民共享，促进优化用电。当前主要通过低压集抄方式进行计量采集。未来基于现有远程抄表、负荷监测、线损分析、电能质量监测、停电时间统计、需求侧管理等业务，将构建更为丰富多元的应用，例如支持阶梯电价等多种电价政策、用户双向互动营销模式、多元互动的增值服务、分布式电源监测及计量等。

4. 配网 PMU。该场景属于配电环节，利用 5G 网络对 PMU 设备进行高精度网络授时，为电力系统枢纽点的电压相位、电流相位等相量数据提供精准的时标信息，并通过 5G 网络把数据回传至监测主站。监测主站根据以上信息精确定位故障位置，并在电网系统扰动时快速生成系统解列、切机及负荷切换的方案。

5. 配网自动化三遥。该场景属于配电环节，配网自动化三遥是以一次网架和设备为基础，综合利用计算机、信息及 5G 通信等技术，并通过与相关应用系统的信息集成，实现设备与电网主站之间的通信。配网自动化三遥包括遥信、遥测和遥控。遥信是对设备状态信息的监控，如告警状态或开关位置、阀门位置等；遥测是电网的测量值信息，如被测电流和电压数值等；遥控是完成对设备运行状态的控制，如断开开关等。同时，通过与继电保护自动装置配合，实现配网线路区段或配网设备的故障判断及准确定位，有效提高配电网的供电可靠性。

6. 精准负荷控制。该场景属于配电环节，通过精准负荷控制设备解决电网故障初期频率快速跌落、省际联络线功率超用等问题。根据不同控制要求，分为实现快速负荷控制的毫秒级控制系统和更加友好互动的秒级、分钟级控制系统。在精准负荷控制系统中，控制对象将精准到生产企业内部的可中断负荷，减少对重要用户的影响。通过精准控制，优先切除可中断非重要负荷，例如电动汽车充电桩、工厂内部非连续生产的电源等，充分降低社会影响。由于该业务控制粒度小，且电力系统故障需要实时快速响应，需要对用电设备实现低时延的负荷控制，因此对通信系统提出了更为严格的需求，其通信需求主要集中在超低时延与高可靠性上。

7. 电网应急通信。该场景主要针对地震、雨雪、洪水、故障抢修等灾害环境下的电力抢险救灾需求，通过应急通信车进行现场支援。应急通信车可配备搭载5G基站的无人机主站，通过该无人机在灾害区域迅速形成半径在2—6公里的5G网络覆盖，其余无人机、单兵作业终端等设备可通过接入该无人机主站，回传高清视频信息或进行多媒体集群通信。应急通信车一方面作为现场的信息集中点，结合边缘计算技术（MEC），实现基于现场视频监控、调度指挥、综合决策等丰富的本地应用。另一方面，可为无人机主站提供充足的动力，使其达到 24 小时以上的续航能力。

四、应用案例

1. 5G + 智能光伏电站。2019 年 1 月，某省打造的 5G 智慧光伏电站实现无线、无人、互联、互动的智慧应用。在智能化巡检场景中，通过集控中心应用平台远程操控光伏电站内的无人机、机器人进行巡检作业，将现场无人机、机器人巡检视频图像实时回传至集控中心，实现数据传输从有线到无线，设备操控从现场到远程的转变。在智能安防场景中，通过全景高清摄像头，实现厂站实时监控及综合环控。在单兵作业场景中，通过智能穿戴设备的音视频和人员定位功能，实现远程专家对电站现场维检人员远程作业指导。

2. 5G + 智能变电站。2019 年 4 月初，在某变电站完成 500 千伏高压变电站 5G 测试站的建成和使用，并通过 5G 网络成功实现了变电站与省电力公司的远程高清视频交互，验证了 5G 网络在高电磁复杂环境下的大带宽特性和高可靠性。变电站目前通信承载主要以有线方式实现，通过 5G 网络的部署，将大大降低站内有线网络建设规模，并为站内业务提供远程控制、高清巡视等新型管控手段，大幅度降低人工操作的安全生产风险，

5G赋能电力巡检

推动变电站监控、作业、安防等业务向智能化、可视化、高清化升级。

3. 5G + 配网差动保护。2019 年 1 月，某市完成基于 5G 网络的智能分布式配网差动保护业务外场测试。本次测试为 5G 智能电网应用的第一阶段外场测试，通过搭建真实复杂的实际网络环境，在单基站场景下，配网 DTU 终端之间时延平均在 10ms 以内，5G 网络空口授时精度达到 300ns 以内，可满足智能分布式配网差动保护等电网控制类业务的毫秒级低时延通信、微秒级高精度授时等需求。本次外场测试初步验证了 5G 承载电网控制类业务的可行性以及 5G 网络切片管理的基础功能。

4. 5G + 配网 PMU。2019 年 3 月，基于 5G 网络的智能配电网微型同步相量测量（PMU）业务应用端到端测试。此次场外测试中，配网 PMU 到电力模拟主站通信时延小于 10ms，通信频次达到 100 帧/秒。测试数据和结果表明，5G 网络的高可靠性、低时延性能够满足配电网 PMU 通信测量点多、通信频次高、时延要求小、数据类型复杂的特殊要求，助力配网自动化建设的升级发展。

5.5G 电网切片端到端拉通。2019 年 9 月，某市完成了业内首个 5G 网络切片端到端管理流程演示，实现网络切片从网元层到管理层的首次全面拉通，贯穿业务订购到产品交付的全流程。本次演示共搭建三大网络切片能力，包含承载生产控制大区配网自动化三遥业务切片、管理信息大区视频类业务切片和公众业务切片。通过对公网业务所在的传输通道进行灌包，制造公网业务拥塞丢包、卡顿，验证切片隔离性。测试结果证明在公众业务切片超流量的情况下，不影响电力业务的安全运行。

第四节　5G 赋能矿山行业

一、背景情况

我国是一个矿产资源大国，矿业在我国国民经济中占有重要地位。矿产行业的"四化"要求机械化、自动化、信息化和智能化开采，其中高品质的网络服务是"四化"的基础。5G 作为赋能垂直行业的重要手段，具备高速率、低时延、海量连接的特点，能够助力实现矿山"四化"建设，响应无人矿区的政策要求。

矿山行业产业规模巨大，国家政策推动，企业积极发力，智慧矿山快速发展。矿业年产值超过 6 万亿，74.2% 能源生产量来自煤矿，全国煤炭矿山约 6000 余家，从业人员超过 300 万人，每年开采量约在 35 亿吨。近些年矿山行业对无人化、智能化、透明化也是急需的。

二、场景需求

1. 矿山无人化。国家发改委、能源局联合发布的《国家能源技术革命创新行动计划（2016—2030 年)》中明确指出，要实现煤炭无害化开采技术创新，2020 年基本实现智能开采，重点煤矿区采煤工作面人数减少 50% 以上，2030 年实现煤炭安全开采，重点煤矿区基本实现工作面无人化。

2. 矿山透明化。矿山透明化意味着生产状态监控需求将更加精细。通过部署 5G 网络以及在自动化机械设备部件上加装 5G 通信模块，无线接入矿区远程机械及设备，实现远程监测以及云端分析，助力矿山透明化的实现。

3. 矿山专网。现阶段，各类矿区井下无线通信系统的应用主要有 WiFi、3G、4G 3 种无线通信技术。其中 WiFi 因传输不稳定等问题，不适合作为物联网的组网设备；3G 无线通信系统通话效果好，但带宽过窄，不能作为物联网的组网设备；4G 技术在人、机、物互联上有一定进展，极大促进井上井下的信息化和自动化水平，但针对高清视频监控、远程操控等业务需求，仍无法满足；除此之外，部分采掘设备，如综采工作面智能成套装备因稳定性要求较高，仍采用宽带通讯传输。因此，依托 5G 网络特性，结合边缘计算等技术，可以有效切合矿山智能化转型对无线网络的应用需求，保障矿山核心数据的安全管理要求，有效推动人工智能、远程控制等智能化业务发展。

三、解决方案

依托领先的5G技术，结合终端及平台能力，在井上和井下不同类别的场景下，打造类型丰富的物联网连接，形成多样化的应用切入，助力"无人矿区""少人矿区"的实现。

1. 远程监测—井下设备采集。按照井下"无人化""智能化"改造趋势，下井操作人员数量将大幅减少，工作人员改由通过地面控制中心观察井下设备运行情况，因此需要首先将设备列车、采煤机等设备运行数据采集上来，通过5G专用通信模组、传感器等终端，实现设备数据的实时采集和回传，对参数进行监测，可以掌握设备的实时运行状态，实现煤矿全面感知。

2. 远程监测—高清视频监测。目前国内井下环境基于有线电缆或光缆通讯的智能化工作面的远程控制试验，已经取得了较多经验和示范性应用成果，但对基于无线技术的远程控制应用匮乏。基于5G的高清视频监测，通过在掘进机上加装自动除尘高清摄像仪，实现井上、井下自动化和信息化系统的接入融合。

3. 无人作业—无人化采掘。利用5G低时延能力，实现采掘设备实时控制。以掘进机为例，通过在掘进机上安装防撞系统及环境监控系统，数据实时回传到远程控制中心。通过5G矿用本安型转换器连接后方控制中心，完成对掘进机的操控，有效提高井下安全生产水平，助力无人矿山的实现。

4. 无人作业—无人矿卡作业。露天矿山环境下的矿卡无人驾驶主要基于北斗及差分 GPS 惯性导航、激光雷达、多毫米波雷达等技术，实现方向、油门、制动等控制。在人工智能控制下，电动轮会按照编程路线行驶，将横向误差和航向误差限制在厘米级别，极大降低了开采环境下的人工成本和人为因素引起的车辆损耗。

5. 融合组网—露天移动专网。露天矿坑面积广阔，采掘设备每行进一段距离则需要更换开采区域。通过车辆搭载 5G 基站的方式，能根据露天矿区地形的变化，调整网络覆盖，满足矿区内各类 5G 应用需求。

6. 融合组网—井下融合组网。针对井下开采过程面临的矿工管理、工作面数据监测、控制信令安全、工作面设备远程实时控制、井下高清视频回传卡顿等诸多难题，利用 5G 技术优势，克服离地距离远、井下硬件安全要求高、工作面不固定等困难，实现井下工作面无线网络覆盖，助力无人采矿的实现。

四、应用案例

1. 基于 5G 的无人矿卡作业。2019 年 4 月，内蒙古某矿产企业联合打造了重型矿车无人驾驶项目，利用 5G 高速率、低时延的技术特性，实现了基于 5G 网络下的矿车自动驾驶，应用场景包括倒车入位、挖机装载、精准停靠、自动倾卸、轨迹规范、自主避障。

2. 基于 5G 的井下融合组网。2019 年 7 月，山西某矿产企业联合打造了"5G＋智慧煤矿"项目。基于某运营商 5G 网络，通过将部分核心网功能边缘化部署，实现矿山井上井下网络融合，满足了客户对安全性、实时性、保密性的需求，助力客户全面实现智慧矿山无人化、透明化。

第五节 5G 赋能电子制造

一、背景情况

电子制造是典型离散生产模式的行业，柔性化、自动化、智能化生产是增强企业竞争优势、提高生产效率的必然选择。某通讯工厂是工业和信息化部智能制造示范基地，主要生产机顶盒、客户终端设备（CPE）等家庭信息终端等产品。

二、场景需求

通讯工厂存在部署差异化智能制造解决方案前，存在多种生产流程优化需求。比如，工厂内工业传感器、变送器、仪器仪表等智能装备众多，需要进行联网。AGV（无人搬运车）需要借助厂内无线网络实现自主规划路线，机器视觉质检产生的高清照片需要大带宽传输，工厂内的精密设备需要远程专家及时支撑排除故障，等等。考虑实际业务场景，部署基于 5G 的差异化智能制造解决方案，创新电子信息行业智能制造模式。

三、解决方案

基于 5G 的电子产品制造业务智能工厂的应用示范，打造了一系列成果，即在全国智能制造领域取得了三个率先：率先实现了基于运营商网络的 5G 企业专网开通落地，率先实现了 5G 云化 AGV 产品落地，率先实现了基于 5G 的全业务智能生产示范。

1. 5G 工业物联。通过 5G 网络重塑工业互联，实时采集并监控工厂车间内温度、湿度、工位静电、粉尘、气压等参数，进而提升制造合规率、促进节能降耗、减少静电释放及粉尘危害，保障产品制造的质量。

2. 5G + MEC（多接入边缘计算）视觉导航 + 云化 AGV 调度。这一环节采用视觉及低成本激光融合导航，利用 5G 网络进行调度和视觉、传感信息的传输；在 MEC 进行视觉 SLAM 及指挥调度。目前基于 5G + MEC 视觉导航的 AGV 已经投入实际生产，这种 AGV 的优势有两个方面：一是与传统磁条 AGV 相比灵活度具有很大提升；二是相对激光导航 AGV，单台成本可节省 10% 以上。

3. 5G 机器视觉产品质量检测。这一环节基于 5G + MEC 技术将机顶盒上盖检测、装配检测、包装盒体检测等工位采集的机器视觉图片传送到 MEC 侧集中处理，随后将检测结果下传到各个工位。此模式与传统单工位自动光学检测（AOI）设备相比，不仅单台成本至少降低 50%，还较大地增强了部署产品换线生产算法处理的灵活性。

4.5G AR 辅助远程指导。在生产、运维等环节，当一线人员遇到疑难杂症时，可使用 AR 眼镜呼叫后方专家远程指导。该技术的优势是在解放双手的情况下可以通过远程高清音视频沟通。此外，这一技术可以实现基于电子白板的图像共享，快速提升现场作业效率。

四、应用案例

某通讯工厂面向工厂智能化升级需求，打造基于 5G 的智能工厂方案，为设备连接提供高性能、高速率、高可靠、低时延 5G 网络，实时将工厂现场数据传输到后端运维管理平台，构建连接工厂内外的人和机器为中心的全方位信息系统，实现工厂生产制造全面升级，打造基于 5G 的电子产品制造业务智能工厂（如图 4—10 所示）。

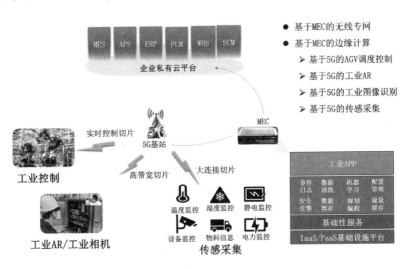

图 4—10　电子产品制造业务智能工厂架构示意图

构建了5G工业物联的生产场景。利用5G网络将生产设备无缝连接，在发挥5G MEC边缘计算能力的同时，实现了云边协同，满足工业环境下设备互联应用需求。通过发挥5G技术优势，将大规模生产设备、仪器仪表的运行状态进行集中化管理，为基地的智慧运营提供了互联互通的基本前提。

构建了5G + MEC的视觉导航 + 云化AGV调度场景。借助5G网络和视觉导航，AGV智能小车在接收运输任务后，不仅可以自主规划路线，同时碰到障碍物还能转弯绕过障碍物继续向目的地前进。与WiFi相比，5G网络稳定性更高，能够支撑更大规模的AGV组网调度。

构建了基于5G机器视觉的产品质量检测场景。在质检阶段，工业相机对产品进行高清拍照，利用5G大带宽的优势，实时将图像上传，并通过MEC进行分析处理，然后下发是否合格的指令。

构建了5G AR远程辅助指导场景。在生产、运维等环节，当一线人员遇到疑难杂症时，可使用AR眼镜呼叫后方专家远程指导。

第六节 5G赋能农业生产

一、背景情况

农业作为第一产业，在国民经济发展中占有极其重要的地位。农业生产正逐渐从以体力劳动为主的小农经济时代向高度智能化的智慧农业发展。智慧农业作为农业生产的高级阶段，融合了云计算、通信网络、遥感技术、全球定位等多种技术在农业综合全面的应用，为农业生产提供精准化种植养殖、可视化管理、智能化决策。据有关统计数据显示，截至 2018 年中国智慧农业潜在市场规模突破 200 亿元，预测到 2020 年中国智慧农业潜在市场规模将达到 267.61 亿元。

二、场景需求

土壤、气候、农作物生长情况以及病虫害等数据是智慧农业发展的基础。5G 技术的到来将彻底解决农业产业数据采集的瓶颈，推动 AI 深度学习和大数据分析等技术与农业的深度融合，进而产生多种新的场景需求。

1. 多种农业信息采集设备的有效互联。为了提升农业生产的智能化水平，负责各种基础信息采集的传感器种类和数量将急速增长，5G 的大连接能力让广域的传感器实现互联互通，农业万物互联将成为现实。同时，5G 大带宽和低时延特性，能够进一步推动实现实时精准的农业生产管理。

2. 满足各种业务场景的网络需求。农业场景复杂多样，不同场景对于网络需求也不同，如智联农机需要低时延、高可靠的网络；视频实时监控牲畜/作物生长情况，则需要大带宽、高速率的网络；作物生长环境监控需要的是具有大连接能力的网络。这就要根据不同的需求（如时延、连接数、安全性、稳定性等），将网络划分为相互独立的逻辑网络，保障智慧农业应用的稳健运行，5G 网络能够不同程度地匹配各类农业生产信息化需求。

3. 实时、短周期数据分析和本地化农事决策。农业生产活动中，非实时、长周期的数据可以由远端云平台处理，而一些实时、短周期的数据则需要立即进行分析，用于生产的智能决策、指导农事等活动。例如，5G + MEC 将农业实时数据边缘化处理，降低农业机具控制时延并节约网络传输带宽。

三、解决方案

根据农业、畜牧业、渔业等实际应用场景及行业痛点，依托高速率、低时延、海量连接的 5G 网络，综合应用大数据、云计算、边缘计算、人工智能等技术，某运营商构建了智慧农业解决方案，实现智能控制、智能决策，支撑精准种植、精准养殖应用场景，促进传统农业生产数字化转型。

1. 精准种植。通过 5G 网络可实时精准采集作物生理数据及作物生长环境信息，实现地块管理、作物生长模型建立、作物产量预测、作物面积勘测、以及病虫害预测/预防等。同时，5G 网络的低时延可使得模型指导大田/大棚农业生产活动如环控、灌溉、喷施等达到实时控制（现 4G 网络的时延约 6 秒），从而达到农业资源科学利用、节水节肥、提高农作物产量、提升品质、降低生产成本、减少环境污染、提高经济效益的目的。

2. 精准养殖。精准养殖围绕设施化养殖场生产各个环节，

智能传感检测点

搭建智能养殖环境，通过智能传感器及视频、声音采集设备，利用5G网络高速率、低时延的特性，在线采集舍饲环境、养殖过程数据，利用信息化手段完成数据精准管理，建立养殖数据模型指导养殖过程，在达到降低养殖成本及提升养殖产出目的的同时，也使得猪场的设备易于维护和管理。

3. 水产养殖。智能化水质在线监测传感设备、智能鱼群监控设备以及高清全景摄像头等多款智能物联网设备，借助5G网络能够实时、连续、稳定地监测溶解氧、pH、水温、ORP、氨氮、亚硝酸盐等环境指标，鱼群数量、大小、密度等长势数据，以及渔场现场的多维度监测，构建以大数据为核心的水产物联网平台及智能渔业管理云系统，实现渔场远程巡检、智能增氧控制、自动投饵控制、养殖数据管理、精准投料分析、渔业产品溯源等功能。5G智能鱼探仪开创性地将声呐技术应用于存塘水产数量核查，结合 5G 通信技术、北斗/GPS 定位和数据建模，可以测算出鱼群的数量及大小，准确、实时评估水产资源数量，开展全面的资产评估，为水产保险、金融贷款评估提供科学判断依据，解决渔业保险标的价值认定的难题。利用渔探仪配合进行出险时的查勘定损工作，可快捷、准确地探测水产资源标的价值，有效帮助保险公司及保险协管员提升效率、开拓保源、降低风险，帮助农民及时准确获得赔付。

4. 智联农机。智能化农机是未来农机发展趋势，应用现代信息技术提高农机装备智能化水平，是实施智慧农业、实现农机农艺融合、提高农业发展质量和效益的重要手段。智能化农机结合 5G 高速率、低时延的特性，以及最领先的电子和液压控制技术实现对机械的完美控制，从而实现最佳的自动驾驶体验，用户可以应用于耕地、开沟、起陇、播种、喷洒、收割等作业中，5G + 北斗的精准定位系统，可以提供精度优于 2.5cm 的自动驾驶精准作业体验，大大提高作业效率并节省费用，降低农机驾驶员疲劳度，无论是白天还是黑夜，均可进行连续长时间工作。除此之外，农机搭载的设备还可通过 5G 网络进行高清、稳定的视频回传，进行农业作业质量监督。通过 5G + AI 技术加持的智慧农机进一步推动"机器换人"，节约了传统人力成本，可以极大提升农机作业效率。

四、应用案例

1.5G 精准种植番茄。某运营商 5G 精准大棚种植番茄方案基于农业 AI 四大关键能力（环境数据采集、视频图像识别、环境智能调控、水肥智能决策）和 5G 优势，通过 AI 大脑进行分析，对番茄的种植环境、水肥进行智能控制，对番茄种植过程精细化管理，提高番茄品质及生产效率。

2. 5G 智慧养猪。某运营商与新希望六合信息研究院合作开发了 5G 智慧养猪平台，并在新希望旗下某猪场进行试点，该平台依托 5G 优势，将原本部署在养殖场侧的 GPU 图像处理服务器部署在边缘云侧，在边缘云侧实现流量分流和图像处理能力，解决了在养殖场部署 GPU 服务器的高成本和维护性差问题。借助某运营商在 AI 上的使能能力，为生猪养殖行业赋能，通过专门优化的卷积神经网络，快速高效准确地实现对于生猪各项生理特征的识别。另外以机器视觉分析技术为基础，结合 5G 高速率能力将图像数据上传至 MEC 侧，并通过部署在 MEC 的 AI 平台实现生猪测重、测背膘、测体温、母猪哺乳体况监控等功能。

3. 全国首个 5G 智慧渔业应用示范。某运营商联合合作伙伴打造 5G 网络控制下的循环水生态养殖系统全方位监测与控制，包括水质溶氧、温度、pH 值、氨氮、亚硝酸等的检测、分析，以及对注水、增氧、排污、泵菌、投料等的远程智能控制，并建立每户的科技养殖日志，实现便捷、高效、安全的全新智能化水产养殖管理模式，让每一个养殖户轻松掌握科技养殖技术。

4. 自动化智能农机系统。某运营商联合惠达科技共同打造自动化农机控制系统，该系统以 5G 自动化农机控制系统为基础，精准规划作业路线，时刻保证农机高精度作业，提高农机使用效率，可 24 小时全天候不间断作业，增加农机收入。

第七节　5G 赋能医疗行业

一、背景情况

智慧医疗基于移动通信、物联网、云计算、大数据、人工智能等先进技术，实现患者与医务人员、医疗机构、医疗设备间的互联互通和信息共享，对促进院内外业务协同、合理调配诊疗资源、提供个性化医疗服务、改善患者就医体验具有重要意义。

2016 年以来，国家相继发布《"健康中国 2030"规划纲要》《关于促进"互联网 + 医疗健康"发展的意见》等政策文件，政策红利及市场需求催生医疗健康产业蓬勃发展。5G 时代的到来，正在改变传统医疗服务的理念和模式，真正推动医疗服务的发展，助力医疗服务向移动化、协同化、优质化的方向迈进。

二、场景需求

1. 高清音视频及海量数据的高速移动化传输。随着通信技术的发展，远程会诊由电话会诊、普通标清视频会诊，向 4K/8K 的超高清会诊发展，对网络带宽提出了更高的要求。依托 5G 高速率的特性，可实现医学影像、电子病历等信息的高速传输和实时调阅，满足移动式远程会诊、远程急救等移动类场景下对网络传输速率、移动性和实时性的要求。

2. 可靠的远程操控类医疗服务。我国医疗资源分布不均衡，远程检查、远程手术等新型远程操控类业务有助于提升基层医疗机构诊疗水平。远程操控类医疗业务对时延和安全性均有极高的要求，依托 5G 低时延、高可靠等特性，可满足远程操控类业务毫秒级响应速度、毫米级精准度的要求，有效保障了业务的稳定、安全、可靠。

3. 海量物联网设备连接管理。医院人员结构复杂，医疗设备、耗材、药品等各类资产数目庞大，导致医院安全管理难度大、资产运营效益较低。依托 5G 海量连接等特性，可将可穿戴设备、院内各类资产设备连接入网，对各类资产进行全生命周期的监控与管理，提高医疗设备的安全性和使用率，提升医院管理效能。同时，医院能够对人员进行实时定位，提升院内安保水平。

三、解决方案

5G 智慧医疗解决方案，充分发挥 5G 网络高速稳定的通信能力，结合边缘计算、人工智能、虚拟现实等前沿技术，支持实时高清音视频远程会诊、医学影像数据低时延传输、远程操控类医疗业务开展，及海量医疗设备连接。其主要系统架构如下。

感知层：包括智能医护终端、远程操控类医工机器人、音视频交互系统等设备，对患者进行生命体征监测数据的采集和远程诊疗。

网络层：5G 网络高速率、低时延、海量连接特性，满足远程实时精准操控、医学影像数据高速传输、高清音视频交互、无线医疗设备接入等需求。

平台层：医疗云平台是提供健康档案、电子病历、大数据分析、视讯、设备管理等能力的基础医疗信息化服务平台，对接院内电子病历系统、影像诊断系统、检验系统等多个信息系统，实现各类医疗数据的存储和互联互通。

应用层：面向各级医疗机构，提供远程会诊、远程示教等跨院区的远程医疗服务及移动医护、智慧院区管理等院内信息化服务，全面提升医疗机构的信息化水平和医疗服务质量，提升医护人员的工作效率和诊疗水平。

5G 智慧医疗应用场景根据业务范围可以划分为远程医疗、应急救援、智慧医院和区域医疗 4 类。

四、应用案例

5G 赋能医疗健康行业，正在改变医疗服务的理念和模式。某运营商借助 5G 技术优势，结合医院客户需求，携手业界合作伙伴共同开展 5G 院内、院外特色业务场景实践，助力多家大型三甲医院打造 5G 远程会诊、5G 远程超声、5G 应急救援、5G 远程手术等行业标杆。

1. 全国首例 5G 远程眼底激光手术。某运营商联合某医院，成功开展全球首例 5G 远程眼底靶向导航激光手术治疗，开创了眼底疾病远程治疗的新局面。5G 远程眼底激光手术无创、安全、适应症广泛，其推广应用可有效促进优质医疗资源下沉基层，为患者带来福音。

2. 5G 远程眼科会诊。某运营商助力某医院成功开展了与对口支援医院间的 5G 远程眼科会诊，本次远程诊疗业务基于双方共同搭建的远程医学中心平台，充分发挥了 5G 网络低时延、高速率等特性，满足了高清音视频实时交互的需要，实现了患者荧光造影、OCT 影像等数据的实时调阅，有效促进优质医疗资源下沉基层。

3. 首个移动化 5G 应急救援。某运营商联合某医院打造了国内首个移动场景下的 5G 应急救援。在急救车转运途中，医疗人员通过移动终端调阅患者电子病历信息，通过车载移动医疗装备持续监护患者生命体征，通过车载摄像头与远端专家会诊病情协同诊断治疗，实现院前影像数据共享、移动化会诊、远程救治诊断，有效提升了院前急救服务能力。

4. 移动 5G 应急救援。某运营商联合某医院打造 5G 智慧医疗，探索导诊服务机器人等服务应用。在 5G 网络环境下，智能机器人能为患者提供互动式的导航导诊服务，AI 智能医疗问答服务，院内科室专家介绍等情况，提升患者就诊体验服务，提升医务人员工作效率。

第八节 5G 赋能城市管理

一、背景情况

5G 与人工智能、边缘计算、大数据等新一代信息技术深度融合，成为建设智慧城市不可或缺的元素。据数据统计，100%的副省级城市、89%的地级城市、47%的县级城市，均在政府工作报告或"十三五"规划中提出建设智慧城市。政府部门对智慧城市建设进行大量投资，在国家政策助力之下，智慧城市市场空间巨大。

二、场景需求

中共中央办公厅、国务院办公厅印发《关于推进城市安全发展的意见》指出，"健全公共安全体系，打造共建共治共享的城市安全社会治理格局，促进建立以安全生产为基础的综合性、全方位、系统化的城市安全发展体系，全面提高城市安全保障水平"，引导城市治理向立体防护、数据融合、智能化方向发展。随着"天网工程""雪亮工程""蓝天保卫战"等政府工程的推进，公安、综治、环保等领域对大数据融合共享、智能化决策分析提出了更高要求。

1. 多维数据低时延回传。新时期城市综合治理、智能化公共服务、环保监管与监测对基础网络设施提出更高要求，政府执法部门希望运用巡检机器人等执法设备加快执法速度、加强执法力度，5G低延时特性能有效帮助执法部门实时了解、快速响应和有效管理。安防应急致力于城市维稳，巡逻防护的多维度和意外突发的预警需要5G网络高速率、低延时特性来保障，形成水域、陆地、空域三位一体的立体多维安防系统和基于5G信令大数据的应急响应中心，以此来提升相关部门的安全防护指数和抗灾救急能力。

2. 城市公共基础设施全面感知能力。目前基于传统移动执法传感器的感知范围有限，在高速场景、复杂场景（街角、路口、河道等）有感知盲区，在特殊环境下（雾、雨、雪天等）易受干扰，因此需要无人机、无人船的全区域全方位监控，进一步增加环境感知范围，同时需要确保复杂环境下自动巡检的安全性、准确性。

3. 网络可靠性。复杂地理位置、场景环境与使用者的特殊需求都对平台设备计算能力、环境感知和建模等层面提出了更高要求，边缘计算技术通过将计算、存储能力部署在用户侧，让计算平台更靠近客户数据，灵活的算力部署更能够适应各种场景的数据需求、计算需求，保证计算能力的提升，确保平台计算、决策结果准确可靠，这也是智慧城市场景寻求的智能突破诉求。

4. 共享互联城市大数据。城市集空间、道路、车辆、人员、设备于一体，5G高速率、低时延、海量连接的特性将打破以往各系统平行发展、多头并进、缺乏联动的局面，为城市部件的智能协同提供全新的连接能力，使得城市成为一个不断产生数据并消费数据的智能体，成为具有生命的数字孪生城市，一个人类智能与万物智能不断融合自我进化的智能体。

三、解决方案

智慧城市包括全面的感知系统（传感设施和终端），敏捷的神经系统（5G 网络和传输网络）、通畅的血液系统（大数据）、智能的大脑（分析、决策系统）、强大的免疫系统（安全体系）等。共享开放的运营商大数据、感知政务数据和互联网第三方数据依托物联网感知设备，通过 5G 网络传输到城市 IOC（控制反转）平台或者智慧城市中枢平台，协助城市的运营状态分析，为政府提供决策支撑。

1. 城市人口大数据。某运营商依托庞大信令数据，利用 5G 低功耗大连接（mMTC）、广覆盖大连接（eMBB）能力，挖掘和分析全量数据，完善大数据的产业链，使数据从采集、处理、分析到展现形成一个完整的生态环。通过整合人口库数据、地理信息数据、网格数据、运营商信令数据，提供城市人口大数据平台，实现人口统计、常驻、流动人口分析、籍贯结构、街道居住人口分布、人员构成、外来人员情况、人口画像等统计、分析功能，实时监测人流量信息、属地来源信息，可以助力政府进行城市管理、产业升级、城市规划、优化民生服务等工作。

2. 应急响应。某运营商将大数据分析技术和 5G 网络结合，基于人工智能算法和 GIS 技术，准确、及时统计出特定区域的人群信息并进行人口画像分析。在突发灾害应急响应的场景下，提供紧急定位及监测指定区域人口情况的能力，并及时发送短信通知特定人群。在事件发生后辅助应急指挥人员决策和应急处置，提高对紧急事件的处理效率。在日常管理中综合预测和研判，对可能发生的危险、紧急事件提前预警，减少突发性紧急事件的发生，提高监控和预警效率，提高城市各类公共事件应急管理水平。

3. 移动执法。某运营商将移动终端技术、移动通讯技术、GIS 技术、GPS 技术结合应用至 5G 移动机器人设备中，使 5G 移动机器人具备人脸识别、视频回传、视频智能分析的能力。在执法场景中，将 5G 智慧城管平台，与现有的城管系统进行集成。基于 5G 技术实现人脸识别、数据分析、视频回传、远程控制、违章占道监控、垃圾检测等应用，提升城市管理手段和水平。

4. 立体安防。某运营商基于中移智慧城市超脑平台，依托 5G 网络、AI 能力、网络切片、移动边缘计算等关键技术，在河道巡检、道路巡逻、园区巡航、应急指挥、环境监管场景下，构建海陆空三位立体化安防体系，利用无人机、无人船、无人车和固定摄像头等设备进行图像采集，实现固定区域监控、自动巡防、人脸识别等功能，即使在无人值守的条件下也可对区域进行无死角监控，满足管理者和使用者对突发性、不确定性安防事件的监控需求，助力和谐安全城市的打造。

5. 博物馆导览。某运营商利用 5G + 网络切片、边缘计算等新一代信息技术能力，针对讲解员不足、定位难、游客统计方式单一等问题，结合 VR/AR 技术，挖掘博物馆信息化成果，丰富游客观览方式，实现自主化、智慧化观览功能。同时生成珍贵文物的数字化内容，无缝整合到真实场景中，打造"超级连接"的博物馆，串联线下、线上体验，打破博物馆的物理边界，共创虚拟博物馆新型业态。基于边缘计算、大数据和人工智能技术，对各类应用开放室内定位能力、物联网数据采集、视频安防及大数据分析能力，为海内外游客提供安全、高效的通信网络和优质、领先的信息服务。

四、应用案例

1. 乌镇互联网大会5G乌镇运营管理中心（IOC）。2019年10月20—22日，第六届世界互联网大会（WIC）在浙江乌镇隆重召开，某运营商为乌镇量身打造的全国首个智慧城镇运营平台——乌镇5G未来运营中心精彩亮相，同时发布《5G新型智慧城镇白皮书》，受到与会各界的高度关注。该平台面向政府、市民、企业、社区提供统一ID，实现物理乌镇与数字孪生乌镇融合，通过构建长期可信、价值共赢的智慧小镇生态系统，打造融合、融通、融智的智慧城市运营体系，赋能乌镇城市数字经济发展。

2. 雄安智慧小镇海陆空立体安防系统。某运营商基于5G网络打造智慧化应用，开展智慧城市新型数字化建设，建立首个海陆空立体安防系统，打造安全雄安新区。通过5G无人船在白洋淀巡航，完成在既定目标地点的水质数据采样、检测、回传工作；5G机器人和5G无人机在巡检监控的同时进行人脸识别，判断是否有可疑人员出现。智能安防平台集中展示各个无人设备回传的视频流，全面直观地查看各个地点的监控信息。

3. 网络视频舆情监测。某运营商联合某市宣传部进行在线视频舆情监测，通过海量网络视频实现内容场景监测，为政府机构提供有害信息及时发现、敏感信息推送预警、重点事件持续关注、重点账号实时跟踪、事件舆情态势分析等解决方案。利用搜索引擎技术、挖掘技术、语音识别和视频分析技术，对视频内容、画面、关键帧、音频流进行智能分析，实现对音视频的舆情监督管理。

4. 智慧商超和智慧楼宇室内定位产品。某运营商发挥 5G 边缘计算技术优势，打造基于室内定位技术的智慧商超产品。携手雄安惠友超市打造雄安智慧商超，具备室内定位和商品位置搜索功能，可帮助居民快速找到商品，便捷购物；携手武汉泛海 CBD 建设武汉智慧楼宇，提供高精准定位功能和大数据分析服务，提供智能化逛街服务。

5. BRT 智能网联车路协同。某科技公司将 C－V2X、5G、MEC（Multi－access edge computing）等先进通信技术与单车智能驾驶技术相结合实现智能网联，搭建了车内、车际、车云"三网融合"的车联网系统架构。依托 5G/C—V2X 技术的优势，系统实现了实时车路协同、智能车速策略、安全精准停靠以及超视距防碰撞 4 大业务应用。

第九节　5G 赋能教育行业

一、背景情况

教育事关国计民生，国家明确提出要建设"网络强国""教育强国"，以信息化带动现代化是实现教育强国的重要路径。在

ICT 技术飞速进步与 5G 时代已经到来的今天，人们与校园、与教育机构的互动窗口广泛开放，教育对象和教育环境正在发生巨大的改变。学习正逐渐转为"网络化、数字化、智能化"的方式，智能化的学习环境及自主学习活动将成为未来学习的新形态。教育信息化市场即将突破 2500 亿，某运营商凭借自身核心技术能力、网络能力和行业资源整合能力的优势，为教育行业客户提供云管端一体化的智慧校园解决方案，推动教育服务的智能化、教育应用的情境化和普及化，助力实现教育的革命性转型。

二、场景需求

为推进"互联网+教育"发展，加快教育现代化和教育强国建设，2018 年教育部发布《教育信息化 2.0 行动计划》，要求 2022 年基本实现"三全两高一大"，推动人工智能技术在教学中的深度应用，增强和改善教育教学的有效性，提高学习者的学习体验，实现更加公平而有质量的教育。5G 高速率、低时延特性，有效支持高码率音视频内容的实时传输、双向交互、端云协同等，推进 5G+AI 人工智能学习+IoT 校园物联感知+Cloud 校园云+Data 教学大数据+Edge 教育边缘计算的落地进程，为交互式教学、同步课堂、沉浸式学习、校园管理与监控提供支持。

1. 中心校与教学点之间教育资源需要均衡共享。教育资源配置不均是目前阻碍我国教育发展的重要问题。城乡间、校际间师资和资源分配的失衡致使公众对优质教育渴求强烈。优质资源供给不足带来了远程教学需求，但现有远程教学解决方案以有线方式实现校际间的网络联通，建设成本高、施工期长、安装场所固定等问题给广泛推广带来制约。5G 网络为远程教学带来百兆、毫秒级的传输体验，为设备灵活部署提供可能，实现 4K 高清教学在校校间、班班间快速便捷地开展，助力优质教育资源共享普惠，不仅欠发达地区受益，同样能让城里的孩子走近农村，了解农村生活。

2. 教学质量与体验提升需要情景式创新教学模式支撑。传统教学模式下，学生被动进行知识积累，学习效率降低。传统教学方法与模式的陈旧导致教育质量无法有效提高是目前教育领域的痛点问题。依托虚拟仿真技术，打造虚拟学习环境，调动学生视觉、听觉、动觉等多感官参与课程学习和游戏化、主动化交互式学习，使抽象的理论概念更直观形象地呈现；更能通过大数据技术，实现个性化学情分析，因材施教，真正做到以学习者为中心。

3. 校园安全需要高效、可靠的智能安保。校园安全正成为当下社会广泛关注的热点问题，传统模式下对校园安全的保障需要依靠大量人力，对校园各个角落进行巡检工作。5G 技术的高并发、低延时，让无人移动巡检成为可能，通过巡检机器人采集校园内的人、车、设备等监控视频数据，并进行实时分析处理，识别人员身份、车辆信息、设备运行状态，遇突发事件及时报警，实现校园智慧监控管理。

三、解决方案

某运营商5G智慧校园建设方案，基于5G精品网络实现了信息化技术在教学、管理中的深度融合应用，解决了智能教育设备的快速接入与应用难题；打破校校连接网络建设瓶颈，促进了教育均衡发展；为教学大数据和校园装备大数据的智能应用提供可能；依托大数据人工智能等技术，让个性化教育教学成为可能，全面助力教育信息化快速发展。

1. 远程同步课堂。基于5G网络高速率、低时延的特性，实现线上名师远程教学高清音视频实时传输＋线下本地助教现场指导，以及远端学生与近端老师的沉浸式低时延互动，在各级教育单位内，通过5G网络覆盖连接，实现中心校与边远校间授课课堂的远程同步，提升偏远地区或落后地区的教学质量。双师课堂是远程教学的主要场景，针对现有双师课堂采用有线网络承载业务存在的建设工期长、成本高、灵活性差等痛点，以及采用WiFi网络承载业务导致的音视频延迟、卡顿等问题，5G网络的高速率、低时延等特性，可以实现可移动性的灵活开课，随需随用。同时，可以支撑4K高清视频传输以及低时延互动的沉浸式双师课堂应用，有效解决传统双师的交互体验问题，为双师课堂的长远发展提供有力保障。

2. 远程教研。通过视讯系统，专家可以在线观看上课的整个流程，同时可对视频进行实时截取作为素材使用，依托评课软件，专家可对教师的姿态、语言、内容等表现进行记录、拍照、录像等，再结合软件提供的国际通用评课量表，对授课教师表现进行打分。评课软件具备即时通讯功能，各地专家可实时对上课情况进行意见互通，避免个人经验对评价产生偏差。听课过程中产生的视频、文字、语音等均会作为后台智能分析的素材，通过 AI 模型，系统会向教师生成综合评估报告与改进建议，帮助教师了解问题与短板，快速提升专业技能。

3. 云 AR 交互式教学。在教室内，通过 5G + 云计算 + XR 技术，对教学内容进行虚拟仿真，提高教学参与感，实现沉浸式交互学习。将 AR/VR 教学内容上云端，利用云端的计算能力实现 AR 应用的运行、渲染、展现和控制，并将 AR/VR 画面和声音高效地编码成音视频流，通过 5G 网络实时传输至终端。云 AR 交互式教学是将虚拟现实技术与教学情景相融合，将抽象的概念理论和老师难以用语言讲解的知识点，直观形象地展现在学生面前，为学生打造高度仿真、沉浸式、可交互虚拟互动学习场景的一体化解决方案，提高学习效率。

4. 平安校园。在各级教育单位内，通过 5G 网络覆盖连接，实现以机器人为载体，实现人、车、设备的实时监控管理与智能分析，保障校园安全、高效运行。围绕学生的学习生活轨迹，从离/到家轨迹跟踪、校车人脸识别、到/离校门口无感人脸考勤、校园边界视频监控预/告警、学生校内活动监控、食堂"明厨亮灶"监控等学生出行、活动、饮食安全各环节进行跟踪、视频监控、AI 分析、预警服务，为学生提供 360 度全方位、全过程、全天候的安全保障服务，让家长及时了解孩子位置、在校表现；为学校管理提供强有力的安全管理手段，使得安全隐患前置化、隐患排查精细化、隐患处置数据化、打造安全的学习环境；为教育主管部门日常监管提供直观、可视的监督工具。

四、应用案例

1. 深圳市龙岗区科技城外国语学校 5G 远程同步课堂。为探索 5G 与教育的深度融合，2019 年 7 月 26 日某运营商携手深圳市龙岗区科技城外国语学校共开了一节 5G 远程同步课堂。课上以"彩虹的秘密"为学习主题，深圳与贵州的师生共上一节彩虹成因的科学探究课。通过双师课堂系统，深圳与贵州之间的师生影像被实时传送，让两地学生如同在一个教室中学习，没有任何地域阻隔。整个教学活动充分体现了 5G 为教学带来的改变，给现场的学生及观众非常震撼的体验。

2. 5G 助力远程仿真实验。某运营商与某出版社有限公司合作，搭建了 5G + 超远程虚拟仿真实验系统，综合了 5G 网络、MEC 技术、云渲染技术和协同技术，可以在云端实现实时计算与渲染，在使终端设备轻量化、无线化的同时，保障流畅的交互体验。同时，引入多人协同技术，通过 5G 网络高速率实现异地多人同时在线、无延迟的展示、操作，推动多人协同需求下的虚拟装配、虚拟验证、虚拟教学、虚拟实训等教学体验，从而极大地提升了教育教学和培训效果，不仅打破了时空限制，还使优质的教学资源可以跨时空分享。

3. 中国科学技术馆云 AR/VR 平台交互式体验。为迎接全

实际仿真业务图

国科普日活动，2019 年 9 月 17 日，某运营商助力中国科学技术馆，利用 CloudXR 科普教育平台面向全国打造虚拟科技展馆体系，打破时间与空间的限制，为更多的游客、学校提供更为丰富的科普资源、便捷的科普教育服务以及更沉浸式的科普体验，让更多人受益。

第十节　5G 赋能媒体行业

一、背景情况

随着媒体视频行业向高清、多视角、强互动体验的不断演进，媒体行业对大带宽、云、AI 的需求不断增强，预计到 2022 年 5G 将给媒体行业带来千亿级的市场空间。随着 5G 网络更加成熟，将从如下三方面赋能媒体行业：一是实现 4K/8K/AR/VR/全息超高清视频的移动化采集及传输，二是实现更加移动化、智能化的媒资管理及处理，三是实现媒体内容的精准传播和媒体信息的多终端覆盖。

二、场景需求

5G 网络技术的蓬勃发展，为媒体行业超高清视频实时传输，内容生产管理的移动化、智能化提供支持。5G 的高速率、低时延、海量连接等特性，有效支撑高码率音视频内容的实时传输、双向交互、智能编辑、智能审核、融合发布等，有效推动 5G + 4K + AI 落地。近年来媒体融合的趋势愈演愈烈，习近平总书记在全国宣传思想工作会议上要求扎实抓好县级融媒体中心建设。中宣部和广电总局发布《县级融媒体中心建设规范》，为县级融媒体建设提供标准，并要求 2020 年底基本实现全国覆盖。各媒体单位要坚持一体化发展方向，催化融合质变，打造一批具有强大影响力、竞争力的新型主流媒体。

1.4K/8K 超高清视频实时采集回传。随着 4K/8K 技术的发展，视频内容也正从高清向超高清发展，节目制作对移动性、实时性有更高要求。5G 提供稳定的百兆至千兆上下行带宽，面向突发新闻、多地并发大事件等场景，可快速通过 5G 网络进行4K/8K 视频直播和素材回传。5G 的网络切片能力通过建立专用虚拟通道，确保视频的直播和回传清晰稳定。

2. 节目单向传输向实时指挥、音视频互动升级。传统户外采访等节目的制作，外采人员通过电话等方式接受远程调度指挥，无法实时获取节目画面。受限于网络带宽和时延，节目播出以远程回传画面或已录制画面为主，节目互动性不佳。5G 网络的高速率、低时延特性可有效实现双向、无卡顿的视频连线互动，既可丰富节目形态，又能实现导播对多路户外采编记者的实时调度。

3. 媒资内容的移动化管理、智能化编辑。媒体机构拥有海量的媒资内容，传统的媒资管理方式可移动性差、使用率低。媒资内容的移动化上传、归档、调阅、编辑、共享、处理，以及智能化的编目、编辑、管理等，已成为当下媒资管理的迫切需求。结合网络切片和边缘计算等技术，5G 网络可实现媒资 IP 化、移动化的制作，在 5G 网络所覆盖区域实现大带宽、高容量的超高清视频传输、移动化编辑、移动生产和超高清节目制作，达到户外采编与台内生产系统的流畅交互。

三、解决方案

以 5G、边缘云、网络切片、AI 等新网络新技术为依托，打造云、管、端一体化的 5G 智慧媒体产品体系，建设和媒云平台，汇聚收录、转码、编目、非编、调度等媒体音视频处理能力，承载和背包、和媒资、和译声、云图集等行业创新产品，实现移动化采编、智能媒资、智能语音、精准传播等功能，助力媒体行业向移动化、信息化、智能化发展。

1. 5G 4K/8K 超高清视频直播。运营商的 5G 和背包产品连接 4K 摄像机或其他类采集端，通过 5G 网络的高效率、低时延特性可实现将超高清视频内容的移动化采集传输。视频资源在传送到云端或演播室后，可通过内容分发网络或广播电视网络直接送达用户，保障传输时延不超过 20ms，完全满足广电客户高清视频实时连线、户外信号回传等业务需求，解决原有4G网络因带宽不足无法传输4K/8K视频的问题。

2.5G互动演播室。运营商的5G和背包能够连接摄像机，通过5G网络配合互动导播台或融合互动服务器，快速实现5G互动演播室方案。充分利用5G网络优势，提供130Mbps左右的带宽和20ms以内的端到端时延保障，将采访现场的高清画面通过5G网络实时传输，实现多机位、跨地点、低时延的直播采访、交互连线、赛事直播、信号回传、远程调度、导播等功能，解决节目播出形式单一、缺乏实时互动性等问题。

3.5G县级融媒体。运营商依托5G网络优势，以和媒云平台、5G和背包、和媒资为核心，支撑采集汇聚、融合生产、内容审核、多渠道发布一体化业务，集合媒体采、编、播、存、管的环节，构建5G县级融媒体解决方案。运营商可根据客户需求，以内容共享、资源集约、统一建设、具备地方特色为目的，搭建融合媒体平台，为县级融媒体中心开展媒体服务类、党建服务类、政务服务类、公共服务类、增值服务类等业务提供支撑。

4.5G VR/AR制播。基于5G网络结合VR/AR技术构建超高清云制播平台，能够提供130Mbps左右的带宽和20ms以内的端到端时延保障，并通过内容上云、渲染上云，打破空间的障碍、实现更广阔的移动范围，为用户提供AR/VR媒资管理、媒体宣传、娱乐体验等功能。方案从终端引擎、管道至云端计算，支撑整体媒体产业的繁荣，达到"概念—动线—效果"的全面合一，让VR走向千家万户。

四、应用案例

1. 业界首次 5G SA 网络切片的 4K 直播。2019 年 5 月 15 日，某运营商联合中央广播电视总台在北京成功完成业界首个基于 3GPP 标准的 5G SA 媒体 4K 直播切片。该技术方案基于某运营商的 5G SA 网络，构建了专门用于央视 4K 视频直播业务的端到端网络切片，为央视打造具备上下行超大带宽、超低时延等网络特征的"直播专用通道"，切实保障真 4K 高清视频的播放体验。即使在无线接入网、传输网及核心网分别进行大流量灌包的情况下，具有高优先级保障的视频直播业务仍然不受影响，视频播放清晰、流畅。

2. 2019 年春晚 5G 4K 超高清视频直播。2019 年 2 月 4 日，春晚深圳分会场使用某运营商 5G 网络实现 4K 直播，将现场的 4K 高清画面通过 5G 基站回传至转播车及北京的中央广播电视总台演播室。1 月 13 日，在深圳进行了首次测试，通过某运营商的 5G 试验网络，成功实现将央视春晚深圳分会场 4K 超高清信号回传至中央广播电视总台北京机房，同时将总台 4K 超高清北京景观信号传送至位于深圳的分会场，通过 4K 超高清转播车展现实时信号，这是我国首次进行基于 5G 网络的 4K 传输。

3. 马拉松 5G 移动直播。2019 年 3 月 31 日，某运营商利用 5G 和背包全程支撑了河南广播电视台"郑开国际马拉松"高清跟拍直播。5 月 4 日，5G 和背包助力"青岛五四青年马拉松"，80 余个 5G 站点实现赛道 100% 的 5G 信号覆盖，该项目也是国内首个全移动场景的5G电视直播。目前，某运营商5G和背包已经陆续支撑扬州、银川等多场马拉松5G直播。

4. 北京舞剧两会场5G同步4K直播。2019年5月11日，国家大剧院原创民族舞剧《天路》"4K+5G"演出直播活动在首都电影院和APP客户端等多渠道同步呈现，本次直播是全球首次采用"4K+5G"技术在影院直播。从拍摄到传输再到呈现，均采用4K超高清技术。在5G网络保障下，4K直播画质更清晰，保持50帧的高帧率，且每帧画面间隔短至0.02秒，让直播观看更为流畅。

5. 安徽广播电视台"海豚视界"。在某运营商自主研发的公有云平台上，构建安徽省级媒体云平台，并作为电视广播音频、视频生产与互联网新闻生产全面融合的生产管理及发布平台，以媒体内容渠道多样化汇聚、面向全媒体的内容生产策划、移动化的生产工具、多渠道内容发布为核心业务，提供内容的采编发等各项基础服务。此外，"海豚视界"面向多终端用户，提供集新闻资讯、直播、特色短视频等一系列节目的音视频服务。

第五章　发展趋势

第一节　3GPP 5G 技术演进

一、R17 版本重点工作

2019 年 12 月，3GPP RAN 工作组在第 86 次全会对 5G 第三个版本 R17 进行了规划和布局，共设立 23 个标准立项，全面启动 R17 5G 标准的设计工作。R17 除了对 R15/R16 特定技术进行进一步增强外，将大连接低功耗海量机器类通信作为 5G 场景的增强方向，基于现有架构与功能从技术层面持续演进，全面支持物联网应用，预计在 2021 年中或年底完成。但是疫情影响使得工作进程受到影响，极有可能延期到 2022 年初。

参考 3GPP R17 的立项课题分布情况，3GPP 的工作重点放在 5G 系统性能优化和新应用场景探索两个方向：

性能优化方面，重点包括覆盖增强，面向 VR、AR 和 Cloud Gaming 新应用的业务建模，业务连续性、降低时延和省电、小数据包传输、中继等。

新应用场景方面，重点工作是面向工业无线传感器、视频监控、可穿戴设备等场景推出一种中高端的新型物联网终端，并进行无线技术优化，重点是降低复杂度、成本和尺寸。此外52.6GHz 至 71 GHz、卫星和高空平台的物联网业务、多播广播业务、RAN 切片也是重点项目。

5G 与 AI 融合也有望成为移动通信发展的基础性技术。一方面，AI 将赋能 5G，提升 5G 网络性能和效率；另一方面 5G 网络支持新的 AI 应用或算法，为其提供高效承载，实现 5G 和 AI 的协同友好。

表 5—1　R17 重点项目

项目名称	项目名称
NR MIMO 5G 空口 MIMO 技术	Enh. For small data 小数据业务增强
NR Sidelink enh. 5G 直接通信链路空口增强	SON/ Minimization of drive tests（MDT）enh. 自由化网络/路测最小化增强
52.6 – 71 GHz with existing waveform 当前波形的 52.6 – 71 GHz	NR Quality of Experience 5G 空口 QoE
Dynamic Spectrum Sharing（DSS）enh. 动态频谱共享增强	eNB architecture evolution, LTE C – plane / U – plane split LTE 基站控制转发分离
Industrial IoT/ URLLC enh. 工业物联网/URLLC 增强	Satellite components in the 5G architecture 5G 架构引入卫星部分
Study – IoT over Non Terrestrial Networks（NTN）卫星网络部署 IoT 应用研究	Non – Public Networks enh. 非公众网络增强
NR over Non Terrestrial Networks（NTN）基于卫星网络的 5G 空口	Network Automation for 5G – phase 2 5G 网络自动化运维第二阶段
NR positioning enh. 5G 空口定位增强	Edge Computing in 5GC 5G 网络支持边缘计算
Low complexity NR devices 低复杂度 5G 终端	Proximity based Services in 5GS 5G 系统近距离业务

续表

项目名称	项目名称
Power saving 省电	Network Slicing Phase2 网络切片第二阶段
NR Coverage enh. 5G 空口覆盖增强	Enh. V2x Services 增强的 V2X 业务
Study – NR eXtended Reality（XR） 5G 空口支持 XR 场景	Advances Interactive Services 增强交互系统
NB – Iot and LTE – MTC enh. 物联网增强	Access Traffic Steering, Switch and Splitting sopport in the 5G system architecture5G 系统流量疏导
5G Multicast broadcast 5G 多播广播	Unmanned Aerial Systems 无人机系统
Multi – Radio DCCA enh. 多空口增强	5GC LoCation Services 5G 网络定位业务
Multi SIM 多 SIM 卡	Multimedia Priority Service（MPS）多媒体高优先级业务
Integrated Access and Backhaul（IAB）enh. 统一接入和回传增强	5G Wireless anf Wireline Convergence 5G 固移融合
NR Slidelink relay 5G 空口直连中继	5G LAN – type services 5G 局域网业务
RAN Slicing 无线接入网切片	User Plane Function（UPF）enh. For control and 5G Service Based Architecture（SBA）5G 网络架构增强

二、R18 版本重点工作

目前 3GPP R18 版本还在业务场景规划阶段，仅在 SA1（业务与需求）工作组启动了若干垂直行业增强需求的预研，可以作为运营商后续 5G 业务关注重点方向的参考。

表 5—2　R18 重点项目

项目名称（英文）	项目名称（中文）
Study on evolution of IMS multimedia telephony service	IMS 多媒体电话服务演进研究

续表

项目名称（英文）	项目名称（中文）
Study on sharing administrative configuration between interconnected MCX Service systems	互连关键任务通信系统管理配置信息共享研究
Study on Supporting of Railway Smart Station Services	铁路智能站台业务支持研究
Study on traffic characteristics and performance requirements for AI/ML model transfer in 5GS	5G 系统中 AI/机器学习模型传输流量特性与性能需求研究
Guidelines for Extra – territorial 5G Systems	非陆地网络（卫星）研究
Study on 5G Glass – type AR/MR Devices	5G AR 眼镜设备
Study of Gateway UE function for Mission Critical Communication	关键任务通信系统网关型用户设备功能研究
Study of Interconnection and Migration Aspects for Railways	铁路通信研究
Study on Enhanced Access to and Support of Network Slice	网络切片接入增强
Study on 5G Timing Resiliency System	5G 时序弹性系统研究
Study on 5G Smart Energy and Infrastructure	5G 智慧能源和基础设施研究
Study on Enhancements for Residential 5G	5G 驻地网增强
Study on Personal IoT Networks	个人物联网研究
Study on vehicle – mounted relays	车载中继研究
Study on 5G Networks Providing Access to Localized Services	5G 网络本地业务支持研究

第二节　面向 2030 年的技术趋势

一、技术愿景

未来移动通信演进网络技术将发挥更重要作用。1948 年提出的香农定理奠定了通信技术发展的理论基础。香农定理从理论上给出了点对点通信场景下，在信道带宽和信噪比一定的情况下的极限传输速率，为各种编码技术提供了理论依据。在该理论的指引下，通信产业经历了数十年的高速发展，传输速率不断提升，5G空口传输的容量逼近了香农定理的极限。

面向2030年，下一代的通信场景将发生根本性变化。下一代将出现多点对多点、人与机器、机器与机器等多种通信的混合模式，这些网络场景需要任务驱动的网络。满足多种场景的多样化业务需求，对可靠性、确定性、智能化等提出了更高的要求。

下一代需构建空天地一体化网络通信系统，实现面向全覆盖、全场景的泛在网络；向分布式范式演进，同步实现网络的可扩展性和可靠性；构建数字孪生网络，真实网络与数字网络实时交互；突破尽力而为的通信模式，解决确定性时延核心问题；感知、通信、计算一体化，在网络能力扩充的同时实现网络的自分析、自优化、自部署和自维护。

网络技术历来走在移动通信技术发展的前沿。随着互联网的蓬勃发展和新技术的诞生，多种IT技术被积极地引入到移动网络并在核心网率先得到应用和推广。

5G开始，IT技术推动移动网络技术快速发展。2G网络初期给用户提供的主要是单一的语音业务和简单的数据业务，整个网络中只有电路域。后来将IT领域的IP技术引入到移动网络中，通过分组交换功能给用户提供数据业务。到3G时代，分组域逐渐占据主导地位。4G时代，更是实现了全IP化，并逐步引入了 IPv6 技术，在核心网中实现了控制面与用户面的初步分离。可以看到，自 IP 技术引入到移动网络后，网络的发展更加迅速，软件化定义方式、控制转发分离等 IT 技术在网络得到广泛应用。

IT 技术促使 5G 核心网实现了跨越式的发展。5G 核心网采用了 IT 和互联网领域前沿的思想和技术，体现了 IT 化、服务化、极简化、互联网化的技术演进，在 4G 核心网的基础上进行了革命性的重新设计。引入服务化架构 SBA 和 IT 化的 HTTP/2 等接口协议，实现了控制面和用户面深度解耦、计算和数据进行了分离。引入智能化网元 NWDAF（Network Data Analytics Function）对 5G 网络进行大数据采集、智能分析，开启了网络向自动化、智能化转变的道路。

未来信息技术将更多的涉及人工智能、空天地一体化等方面已经初步形成共识。未来十年，社会将面临新一轮科技革命和产业革命，人工智能、大数据、量子通信、区块链等新技术将催生大量新产业、新业态和新模式。这些新兴技术将对信息通信网络提出更高要求，例如 Tbps 带宽、Gbps 用户体验、实时数据处理、超密集的物体连接、1000km/h 移动性以及全球无缝覆盖等，以适应社会发展、产业升级、人类感官极致体验、万物无缝互联的需求，加速整个社会的信息化和数字化进程。

更多的来自生产运营的需求和技术（Operation Technology，OT 技术）将为移动网带来新的基因。与传统消费互联网不同，产业互联网对网络质量提出严苛需求，网络在追求大带宽、低时延的同时也要支持确定性传输、可保障、可控制的连接数以及可保障带宽，从而满足柔性制造、智能产线的要求。无线接入网络需要具备媲美有线接入的可靠性、可用性、确定性和实时性。OT 与 CT 融合将成为未来发展的一个重要方向，通信网络将成为构建工业环境下人、机、物全面互联的关键基础设施，实现工业设计、研发、生产、管理、服务等产业全要素的泛在互联，是制造业数字化转型的重要推动力。从 DICT 向 DOICT（Data、Operation、Information、Communication Technology）的融合将成为未来信息技术的趋势。

DOICT 的融合将驱动网络架构变革和网络能力升级，助力全社会全领域数字化。数字经济的发展基础是海量连接、数字提取、数据建模和分析判断。未来信息技术网络将通过架构变革和能力提升，实现超百万级每平方公里的连接数，通过智能化实现更加精准的数字提取，基于丰富的算法和业务特征构建数据模型，基于数字孪生技术做出最合适的分析判断，反向作用于物理实体，从而充分发挥数字化效应。未来信息技术网络将缩小物理世界与数字世界的距离，为数字时代带来更多的想象。

二、面向 2030 年的新型架构

在中国移动的白皮书中，提出"三层四面"的未来信息技术网络逻辑架构的初步设想，如图 5—2 所示。"三层"为分别是分布式资源层、网络功能层和应用与服务层，"四面"分别是数据感知面、智能面、安全面和共享与协作面。

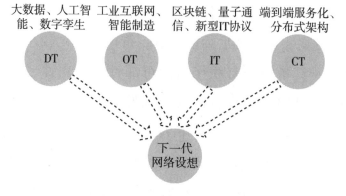

图5—1 DOICT 融合实现网络新变革

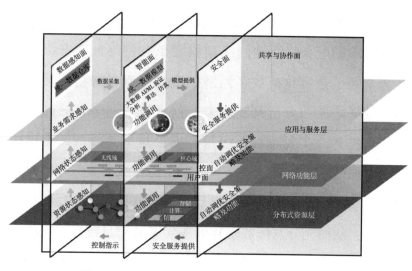

图5—2 "三层四面"的未来信息技术逻辑架构

资源层向其他层提供如无线频率、存储、计算等资源基础。网络功能层编排资源并执行服务逻辑。灵活可编程的协议体系，打破跨域传输限制，实现一套协议跑全域。

数据感知面采集用户以及智慧网元的数据，这些数据可以被智能面订阅以用于模型训练、算法优化。智能面在为其他

"层"和"面"按需提供 AI 能力的同时，也支持实现网络管理的相关能力，通过数据采样构建网络的数字孪生体，对网络状态进行预判，对网络需求进行快速解析，反作用于实体网络。安全面使网络具备内生安全的能力，为服务与应用提供更及时准确的安全风险识别和防控。随着区块链、零信任等技术理念的发展，预计未来信息技术网络安全将迎来较大的技术变革。共享与协作面实现各"面"、各"层"的多方共享，解决数据孤岛、异构系统安全性等问题。

白皮书中同时提出了面向 2030 + 网络架构需思考的 5 个命题：

1. 什么是未来信息技术网络的体系结构？体系结构关系到网络总体的发展，是未来信息技术网络最核心的技术。正如同传送格式、转发方式、路由控制是互联网的体系结构。对未来信息技术网络来说，抓住了体系结构就抓住了其技术变革的本质。如何从网络架构的体系出发，深刻总结移动网络的技术发展是需要考虑的问题。

2. 如何支持无源通信的全新万物互联？与 5G 时代支持万物互联的通信不同，未来信息技术网络在此基础上将进一步支持无源通信。为更广泛的物体提供感知、连接、定位等服务，下一代无源通信将进一步突破接入的限制，解决供电、设备体积、散热等多方面的部署问题。

3. 认知智能时代，网络如何实现"智能内生"？从"连接万物"到"连接智能"已经成为未来信息技术网络的重要特征之一。内生智能化可以使网络各单元具备自我感知自我优化的能力。依靠意图驱动，基于数字孪生构建的虚拟网络进行运维模拟和网络响应，实现网络全生命周期的自主管理。当智能从感知智能向认知智能发展时，如何实现网络的"智能内生"是产业界需要考虑的问题。

4. 开源技术会对未来信息技术网络架构产生何种影响？开源生态将在平台层面、网络功能、协议及接口方面产生越来越大的影响。这将很大程度上影响未来信息技术网络架构的技术走向，甚至影响未来信息技术国际标准化的方式。开源、开放为可以降低技术门槛、促进创新、繁荣生态，也对现有的产业格局带来影响。可以预间开源的重要性及对通信产业产生巨大影响，对趋势最好的迎接方式是参与其中。

5. 分布式与中心化如何协同统一？云计算、智能的发展正从中心走向边缘，从集中走向分布。未来信息技术网络将呈现相同的轨迹。传统移动网的用户数据、服务管理、资源调度等皆以集中的方式来实现。这一方面带来了网络管理的统一性，另一方面也带来了网络"尾大不掉"的复杂性。如何在分布式的体系中进行网络的设计，或许从一些仿生学的角度能为我们网络的设计带来启发。

根据移动网络演进的规律，预计未来信息技术标准将在2025年开展研究和制定。迎接发展、推动变革、助力突破，中国移动将在网络技术创新道路上持续发力，不断探索先进、智能的未来信息技术网络。

三、潜在的网络候选技术

（一）面向全场景的泛在连接

5G 网络主要面向大带宽、低时延高可靠性和海量连接三大场景，未来信息技术网络将在网络性能与实现场景上全面超越5G 网络。

未来信息技术网络的端到端时延、可靠性、连接数密度、频谱效率、网络能效等方面都将有明显的提升，能够满足各种垂直行业多样化的网络需求。2019 年，未来信息技术全球峰会发布首个未来信息技术白皮书，白皮书中提到未来信息技术的峰值传输速率可达到 100Gbps—1Tbps，比 5G 网络提升十至百倍。室内定位精度 10 厘米，通信时延 0.1 毫秒，链路中断几率小于百万分之一，连接设备密度可达到每立方米上百个，连接数量与网络流量将呈现上百倍增加。

未来信息技术将构建覆盖空、天、地、海的一体化、立体化的融合网络。此外，未来信息技术网络可为深空通信的探索和发展提供支持，助力实现月球、火星等星际之间，以及空间站之间的通信。未来信息技术的网络架构将以地面蜂窝移动网络为基础，通过深度融合空间站、卫星、无人机、热气球等多种接入方式，提供全球、全域立体覆盖，实现真正的面向全场景的"泛在连接"网络。

（二）向分布式范式演进

未来信息技术网络发展的重要趋势是集中与分布式的网络

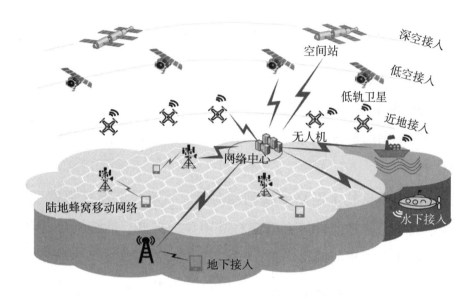

图5—3　全场景泛在连接

架构。5G及前几代的网络架构原生设计是集中式控制的，随着网络的发展，面向业务场景与技术发展的双驱动力，未来信息技术网络的设计需考虑分布式的架构，其控制面向分布式逐渐演进。随着智能的分布化、云计算的分布式发展，要求新的连接、新的网络也将走向分布式。

未来信息技术网络将面向空、天、地、海多样化场景与网络性能需求，集中式的网络架构无法统一满足所有场景。为应对这一挑战，未来信息技术网络架构需要超越集中控制，逐步向分布式架构演进，将更多的网络功能（如认证鉴权）扩展到网络边缘，建立分布式的具有不同功能等级的分布式同构微云单元（Small Cloud Unit，SCU）。每个微云单元都是自包含的，具有完整的控制和数据转发的所有功能。多个微云单元可以根据业务需求组成自治的微型网络，根据特定的业务场景、用户规模、地理环境等要求有针对性地提供网络服务。

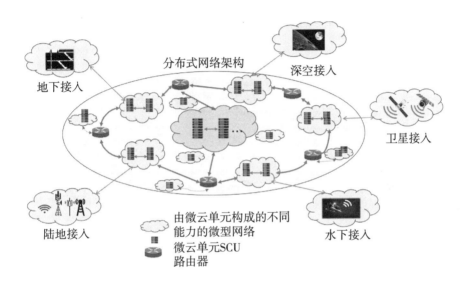

图5—4　分布式自治的未来信息技术网络架构

基于区块链分布式的网络设计能够提供可信的网络服务和弹性伸缩。区块链技术作为一种对等网络的分布式账本技术，具有去中心化、不可篡改、可追溯、匿名性和透明性的特征。区块链的去中心化特点与分布式网络结合，为未来信息技术网络分布式同构微云单元提供了安全、可信的区块链网络。区块链可以动态调整微云单元的资源，记录追踪节点间数据共享内容；同时微云单元可为对应的区块提供计算和存储资源，保障区块链的正常工作。

（三）面向统一接入架构的至简网络

从十年一代的通信更新换代发展历程来看，随着网络规模的快速扩展以及业务需求的日益提高，网络的架构越来越复杂。考虑到全场景的泛在连接以及各种新业务的引入，未来信息技术网络将采用轻量化的网络架构。

多维度的空口接入

统一的链路控制

图5—5　面向统一架构的未来信息技术至简网络

在统一架构方面，面对陆海空等差异化的应用，引入统一的融合计算实现在同一架构下的多种空口技术融合，实现终端无差别的网络接入。未来信息技术网络需要具备空口的感知能力，识别出不同类型的终端所处的环境，选择合适的空口技术为其服务。考虑到业务需求动态变化以及网络的扩展，未来信息技术网络也需要具备统一架构下的即插即用功能。支撑至简的接口、控制流程和数据交互流程等网络能力的是至强的网络功能，基于DOICT深度融合技术，实现内生智慧驱动的强大网络功能。未来信息技术网络通过功能的至强以及架构的至简，实现高效的数据传输，鲁棒的信令控制，按需的网络功能部署，以及实现网络的精准服务，有效地降低网络的能耗和规模冗余，从而实现成本和功耗的节省。在多接入场景下，实现网络层面的协议统一。

（四）与实体网络同步构建数字孪生网络

数字孪生是物理实体在数字世界的实时镜像，正在成为全球信息技术发展和产业数字化转型的新焦点。下一代，数字孪生技术将广泛地运用于智能制造、智慧城市、人体活动管理和科学研究等领域，使得整个社会走向虚拟与现实结合的"数字孪生"世界。未来信息技术网络将为"数字孪生"世界提供坚实基础；同时，面对持续增加的业务种类、规模和复杂性，未来信息技术网络本身也需利用数字孪生技术寻求超越物理网络的解决方案。

数字孪生网络（DTN：Digital Twin Network）是一个具有物理网络实体及虚拟孪生体，且二者可进行实时交互映射的网络系统。在此系统中，各种网络管理和应用可利用数字孪生技术构建的网络虚拟孪生体，基于数据和模型对物理网络进行高效的分析、诊断、仿真和控制。构建一个网络孪生体需要四个关键要素：数据、模型，映射和交互。基于四要素构建的网络孪生体可帮助物理网络实现低成本试错、智能化决策、高效率创新和预测性维护。将数字孪生网络作为未来信息技术网络的关键使能平台，可助力未来信息技术网络达成分布式自治的目标。同时，数字孪生网络可通过能力开放和孪生体拷贝，按需帮助用户清晰感知网络状态、高效挖掘网络有价值信息、以更友好地沉浸交互界面探索网络创新应用。

数字孪生网络可以设计为如图5—6所示的"三层三域双闭环"架构:"三层"指构成数字孪生网络系统的物理网络层、孪生网络层和网络应用层;"三域"指孪生网络层数据域、模型域和管理域,分别对应数据共享仓库、服务映射模型和网络孪生体管理三个子系统;"双闭环"是指孪生网络层内基于服务映射模型的"内闭环"仿真和优化,以及基于三层架构的"外闭环"对网络应用的控制、反馈和优化。

第一层为物理网络层。未来信息技术物理实体网络中的各种网元通过简洁开放的南向接口同网络孪生体交互网络状态和网络控制信息。

第二层为孪生网络层。孪生网络层在网络管控平面上构建物理网络的虚拟镜像,是数字孪生网络系统的核心,包含数据共享仓库、服务映射模型和数字孪生体管理三个关键子系统。

第三层为网络应用层。网络应用通过北向接口向孪生网络层输入需求,并通过模型化实例在孪生网络层进行业务的部署,充分验证后,孪生网络层通过南向接口将控制更新下发至物理实体网络。网络运维和优化、网络自动驾驶、以及网络创新技术等各种应用能够以更低的成本、更高的效率和更小的现网业务影响快速部署。

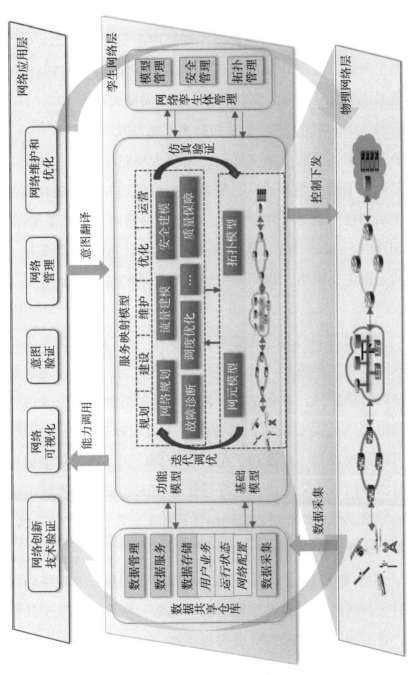

图5—6 数字孪生网络架构

187

数字孪生网络跨越网络功能层和应用与服务层，是实现未来信息技术网络数据感知、智能控制、内生安全，以及共享协作的重要基础。基于 DOICT 深度融合的数字孪生网络将驱动网络管理系统的全新演进，实现网络全生命周期的自治。

（五）具备自优化、自生长和自演进能力的自治网络

随着应用场景和业务多样化，网络规模越来越大，传统网络需要大量手动配置和诊断，带来较高的管理开销，随着基于认知驱动和意图驱动网络的发展，通过在网络中引入知识平面，利用 SDN（Software Defined Networks）、遥测、仿生智能等技术实现的知识定义网络，将助力实现网络自治的目标。如图 5—7 所示。

1. 网络性能自优化。无处不在的算力与数据将使能未来信息技术网络智能的内生。通过对每个网络功能、每个基站、每个用户的智能监测，在数字域获得全网全域数据，对未来网络状态的走势进行提前预测，对可能发生的故障进行提前干预，网络可以实现规划、监控和优化的全面自动化。通过数字域持续地对物理网络的最优状态进行寻优和仿真验证，并提前下发对应的运维操作自动地对物理网络进行校正，以达到"治未病"的效果，从而实现网络的自优化。

2. 网络规模自生长。基于端到端服务化架构以及网络功能的虚拟化，网络功能的编排和部署将非常灵活。网络基于认知智能，对不同业务需求进行识别和预测，自动编排和部署各域网络功能，生成满足业务需求的端到端服务流，同时，网络对

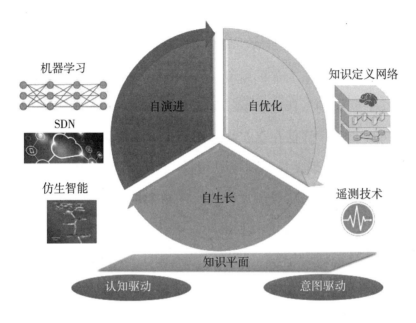

图5—7　网络具备自优化、自生长和自演进能力

容量欠缺的站点进行自动扩容，对尚无网络覆盖的区域进行自动规划、硬件自启动、软件自加载。此外，网络节点将可能采用同构设计，根据其资源量划分相应的功能等级。这样，大多数设备和流量将只占用网络边缘的资源，网络的按需生长不会对整个网络带来过高的负载压力。网络将具备超强的弹性扩展能力，允许所有终端轻松、自由地进出网络。

　　3. 网络功能自演进。随着网络功能的云化和软件化，为了对差异化业务需求实现按需服务，网络功能需具备认知智能和自主演进能力。认知智能将结合数据与知识驱动，具备理解、推理、学习以及决策组织能力，成为网络自主演进的基石。未来网络中对大数据和算力的利用将更加充分，通过人工智能与深度学习方法，将进一步提升对网络需求与网络环境的认知能力，进而对网络功能的演化路径进行分析和决策。网络功能的演进包括既有网络功能的优化增强和新功能的设计、实现和验证。基于网络的数字孪生体，可对网络功能进行迭代寻优以及事前仿真验证，降低在真实物理网络中的实施风险。

（六）解决确定性时延核心问题

移动通信网络从提供大带宽、广覆盖网络、支持广域互联、视频娱乐，发展为提供覆盖确定、连接确定、时延确定、安全确定的质量可保障网络，并将逐渐成为工业互联网、能源物联网、车联网的技术基础和产业升级发展的动力。确定性网络已经成为ICT与OT的进一步融合发展的必然方向。

当前确定性技术研究面临着许多挑战，主要分为固定网络和移动网络两方面。在固定网络方面，当前的TSN（Time Sensitive Networking）、DetNet（Deterministic Networking）、DIP（Deterministic IP）研究上存在着一定的瓶颈制约确定性技术的开展。TSN主要针对局域网络设计，在较大规模的场景中，可扩展性不好。DetNet主要关注于TSN相关机制在三层网络中的应用，并且目前聚焦在规模有限的场景，例如单管理域，典型的场景例如TSN孤岛互通；底层的时延保障采用TSN相关的技术，并不涉及相关的时延保障机制的制定，因此也继承TSN的可扩展性不好的问题。DIP针对大规模、长距离网络中的确定性技术，但因为流量调度实现复杂，当大规模网络中的流数量和类型很多时，实际部署比较困难。

在移动网络方面，确定性技术研究也面临着几大挑战。一是移动网络本身的局限性。移动网络提供的是无线传输服务，与有线传输相比，更易受环境影响，传输质量更难保障。空口资源紧缺，只能通过"尽力而为"的调度满足数据传输要求。二是缺乏端到端的确定性保障机制。移动网络的 QoS（Quality of Service）本质是资源抢占，但只要有资源冲突，就有数据处理的不确定，设置高优先级 QoS 仅提高了资源抢占的概率，无法保障稳定的业务体验。三是网络管理缺乏跨层优化机制，难以及时定位与修复故障。网管系统缺乏灵活性，且网络资源配置固化，无法根据确定性需求动态分配网络资源。四是底层承载网络与上层移动网络管理尚未拉通，缺乏统一的调度机制。

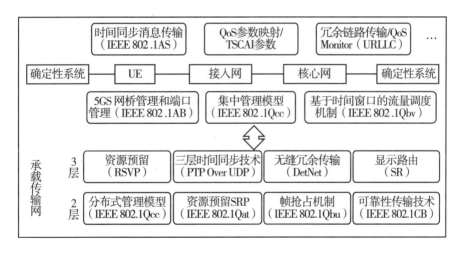

图5—8　跨域融合的确定性网络

展望下一代，真正的确定性网络将逐步成熟并实现广泛的应用。未来将分为三个阶段不断推动确定性网络机制的研究。

第一阶段致力于实现内生确定性，未来信息技术网络需不断学习固网确定性机制，优化网络性能，同时开展内生确定性技术研究，设计内生的未来信息技术网络确定性机制，同时更新迭代网络技术，实现逐节点精确时间同步，并结合移动网络自身的特点，适当地进行机制的简化。

第二阶段致力于实现跨域融合的确定性，将移动、固定网络独立发展的模式向着跨域融合发展的模式转变。未来信息技术网络需要吸收现有固网二层、三层确定性传输协议，实现与固网确定性机制融合，实现移动网络对固定网络的协议支持，协同调度和部署融合。

第三阶段，未来信息技术网络应实现广域的确定性，需要突破移动性、空口的确定性、传统的 IP 转发规律等技术难点，加强确定性跨域机制的研究，构建全场景、跨层跨域的确定性网络。

（七）通信和计算融合的算网一体网络

下一代，网络不再是单纯的通信网络，而是集通信、计算、存储为一体的信息网络。对内实现计算内生，对外提供计算服务，重塑通信网络格局。通过通信与计算的融合，突破传统移动通信系统的限制，打通信息传输管道和上层业务应用之间的联系，感知业务内容的需求与特性，融合计算存储，提升移动通信总体信息交流能力促进整个系统的可持续发展。

信息网络中算力能够随需调度，网络可达则算力可达，服务可达。为了满足未来网络新型业务以及计算轻量化、动态化的需求，网络和计算的融合已经成为新的趋势。基于泛在网络连接，将动态分布的计算资源互联，通过网络、存储、算力等多维度资源的统一协同调度，使海量的应用能够按需、实时使用不同位置的计算资源，实现网络连接和算力调度的全局优化，并实现近端服务和负载均衡，算网融合的动态调度可以为用户提供速度更快、服务种类更多、质量更强的网络服务，提供最优的用户体验。

算网一体网络将分布在各处的存储资源、计算资源、网络资源等通过未来信息技术网络连接起来，根据资源负载情况，自动为业务提供最佳的算力资源调配，如图 5—9 所示。算网一体通过无处不在的网络连接实现算力资源和业务需求的动态映射，使用户能随时、随地获得最佳业务体验。算网一体网络的实现方案分为分布式方案和集中式方案，两种方案各有优缺点，分布式方案通过算力路由层实现算力的实时感知和动态发布，实时性较好；集中式方案通过算力管控平台对算力资源统一管控，实时性稍差，实际应用时可依据不同的计算任务特点和网络发展趋势选择不同的实现方案。

算网一体是承载和推动人工智能走向实际应用的基础平台和决定性力量，其自组织自分配的特点，也为未来信息技术网络自优化、自生长和自演进能力奠定了技术基础。

（八）资源按需、服务随选

面对未来业务的复杂多样性及不确定性，未来信息技术网络需要具备敏捷响应新兴行业需求的能力，需要具备需求感知、按需部署和按需服务的能力。

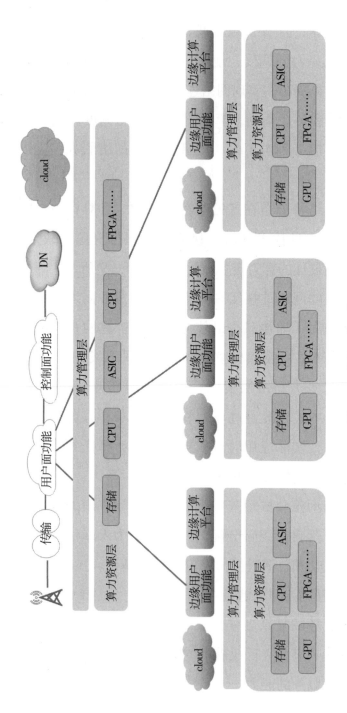

图5—9 算网一体网络

　　为了实现用户服务可选择，需要解决如下两个主要问题。
一是无法支撑网络按需扩展。随着业务需求的不断提出，移动
通信网络也在不断发展及演进，但是分层协议体系结构上的局
限，使得网络发展受到扩展性、移动性和可管可控性等方面的
巨大挑战，因此需要重新考虑未来信息技术网络协议体系结构
及其运行方式。二是无法感知用户的业务需求。目前网络仅作
为数据传输的管道，这导致用户的需求无法完整、及时地传递
给网络，导致网络无法为用户提供多样化的服务能力。

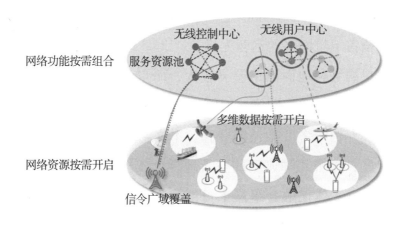

图5—10　以服务为中心的可定制化网络

　　为了解决上述问题，未来信息技术网络需要具有分布式
服务可选择能力，通过灵活的功能组合实现以用户业务需求
为导向的定制化服务能力。将数据与计算服务能力分布于数
据流传输过程中的中间节点，通过统一的信令控制以及按需
的数据开启，为用户灵活构建不同服务质量等级的数据
网络。

（九）空天地一体化网络

空天地一体网络架构是未来信息技术的核心方向之一，被 ITU 列为七大关键网络需求之一。未来信息技术的空天地一体网络架构将以地面蜂窝移动网络为基础，结合宽带卫星通信的广覆盖、灵活部署、高效广播的特点，通过多种异构网络的深度融合来实现海陆空全覆盖，将为海洋、机载、跨国、天地融合等市场带来新的机遇。国内外产业已经开始积极布局，美国 SpaceX 公司正在积极储备太空能力、欧洲也在积极开展 OneWeb 等项目，希望打造规模巨大、覆盖全球的低轨卫星互联网，以抢占卫星网络的运营先机。

卫星网络和地面网络差异较大，而空天地一体网络是多种异构网络混合组成的网络，网络架构更加复杂、组网更加动态，而且多种异构网络可能长期并存。本文将从空天地融合的应用场景出发，分析几种典型的空天地融合架构及其关键技术，并探索空天地一体化融合组网下可能的新型路由方式、网络可能采用的新型接口协议。

目前，全球范围内移动通信覆盖的陆地范围大约 30%，无法覆盖诸如沙漠、戈壁、海洋、偏远山区和两极等区域，未来信息技术空天地一体网络可以实现全球全域立体覆盖和随时随地的超广域宽带接入能力，在广覆盖、公共安全等方面有广阔的应用场景。

海洋、天空等特殊场景应用。在大力推进海洋经济发展、加大航运的背景下，卫星通信作为海上唯一通信手段，是潜在的新兴通信市场。若采用低轨卫星方案，将可提供时延更短、速率更高、性价比更高、全球覆盖的宽带通信网络，有助于船载、机载通信从低速到高速、从国内至全球的发展。

地广人稀、海外地区提供低成本通信服务。随着电信普及服务工作不断深入，针对扩展到地面通信最难覆盖的边疆、深山、海岛等区域，低轨卫星将具有一定的部署和维护成本优势。

作为传输备用链路，增强地面网络稳定性。通过卫星网络承载基站传输备份保障和应急等任务，可以有效提高基站抵御各种自然灾害的能力，增强地面网络稳定性。未来还可考虑无线网、核心网部分设备上星作为容灾备份节点的可行性。

未来信息技术空天地一体网络是一种多接入的新型融合架构，将在地面蜂窝移动网络的基础上，融合天基卫星网络，通过多种异构网络混合组网。

（十）天基卫星网络

天基卫星网络是一个以卫星通信节点为核心的通信系统，由空间的多颗同步卫星、中轨/低轨卫星、中继卫星、航天器、无人机，以及装载在各种平台上的地面接收机、地面终端组成，形成一个多层次、多链接的多源数据传输和处理系统。卫星具有星上处理、交换和路由能力，多颗卫星之间具有星际链路并形成星座。

天基卫星网络主要分为天基骨干网、天基接入网、地基网三部分。天基骨干网由布设在地球同步轨道的若干骨干节点联网而成，具备宽带接入、数据中继、路由交换、信息存储等功

197

能。天基接入网由布设在高、中、低轨的若干节点组成，负责连接地面以及其他用户的接入处理。地基网主要是指地面信光站，主要完成网络控制、资源管理、协议适配等功能，并与地面其他通信系统进行互联互通。

（十一）地面蜂窝移动网络

地面蜂窝移动网络，是覆盖范围最广的陆地公用移动通信系统。在蜂窝移动网络中，覆盖区域一般被划分为类似蜂窝的多个小区，每个小区内设置固定的基站，为用户提供接入和信息转发服务。基站则一般通过有线的方式连接到核心网，核心网主要负责用户的签约管理、互联网接入等服务和移动性管理和会话管理等功能。

5G 时代全球采用了统一的标准，具有超高速率、超大连接、超低时延三大特性，核心网采用了颠覆性的服务化架构。2020 年，随着 5G 的逐步商用，未来信息技术的研究成为行业新的关注点。当前各国已竞相布局，紧锣密鼓地开展相关研究工作。国际方面，3GPP、ITU 等国际标准化组织对未来信息技术及 2030 年网络技术研究方向都进行了探讨。当前业界主流观点认为，在未来信息技术网络中，地面蜂窝移动网络一定会和天基卫星网络融合，从而实现空天地一体化的立体网络。

（十二）空天地融合组网

天基卫星网络和地面蜂窝移动网络的融合有多种方案，多种融合的架构将在演进过程中可能长期并存，最终将实现深度融合。最简单的融合方式是卫星网络作为地面基站和核心网的回传，或者作为地面有线回传的备份（如图 5—11 所示）。此外，卫星可以作为 Non–3GPP 接入的方式，接入到未来信息技术核心网，和地面移动网络共用核心网。而卫星还可以作为 3GPP 接入的方式，作为一种特殊的未来信息技术基站接入到未来信息技术核心网，这种融合方式是卫星网络和地面网络的深度融合方式。

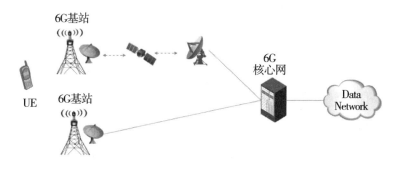

图 5—11　卫星回传

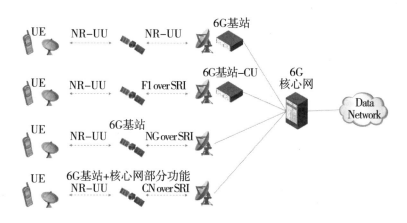

图 5—12　卫星作为 3GPP RAT 和地面移动网络融合架构

以上方案都要考虑统一的新型移动性管理与会话管理方案，从而实现用户无差异业务体验。通过多链路与异构传输，及卫星与地面网络间业务流的智能分发提升用户体验质量（QoE）。

（十三）动态的新型路由方式

空天地一体化网络中存在同一层卫星之间的星间链路、不同层卫星间的轨道间链路，以及卫星与地面站或者移动终端之间的链路。通常每颗卫星至少具有 5 条激光链路才能建立起低时延低轨卫星星座，例如 SpaceX 公司的 Starlink 系统。

星间链路建立时间短而且需要不断动态切换。为了适应空天地一体网络中拓扑、路由的快速变化，网络中需要引入动态的新型路由方式。动态路由算法主要包括距离矢量路由算法和链路状态路由算法。其中，链路状态路由算法扩展能力强，收敛速度更快，适用于大型网络或路由信息变化剧烈的环境。适用于空天地一体网络的具有代表性的路由算法主要有：

1. 基于 OSPF 的路由算法。根据卫星运动轨迹可以预先计算的特点，可以在传统域内路由协议 OSPF 上，引入拓扑预测，来优化链路状态数据库的同步，实现低开销、高稳定性的自适应动态路由。

2. 基于虚拟节点的路由算法。其基本思想是利用星座运动的规律性，将真实卫星节点与虚拟节点映射，当卫星移动或地面终端进行切换时，虚拟节点之间的路由表在物理节点之间进行交换，从而完成路由信息交换。这种算法常用于面向连接的网络，具有实现简单、处理时延短的优点，但是其健壮性较差，只适于极轨道卫星网络。

3. 基于虚拟拓扑的路由算法。利用卫星网络拓扑结构的周期性,把动态拓扑按时间片划分为一系列连续的静态拓扑。路由计算可在地面离线完成后再上传到卫星,卫星上不需要实时计算路由,只需在时间片分割点更换路由表。其优点是路由开销低且算法实现简单,但是大量的时间片需要大量的路由表存储空间,且针对流量变化、拥塞和故障时的实时性较差。

具体选择路由算法时,需根据星座的规模、卫星轨道的高低以及业务的性能要求综合进行考虑。

(十四)轻量级的新型接口协议

空天地一体网络中,星间、星地链路资源宝贵,传统的接口协议在这种高时延、高误码、非对称的链路特性下工作效率低下,需要设计天地协同多网络一体化的轻量级新型接口协议。

在传输层,可考虑使用 QUIC 协议。QUIC 协议是一种基于 UDP 的低时延轻量级协议,它减少了 TCP 三次握手和 TLS 握手时间,改进了拥塞控制机制,能够避免队头阻塞的多路复用。然而 QUIC 最初是为网页流量设计,并不针对具有超大带宽时延积的链路,如包含卫星信道的网络。卫星链路特征对拥塞控制的影响包括:传输初始化时延长;所需窗口大小;端到端重传可靠性低;慢启动的速度较慢;链路非对称会影响 ACK 流量。

为了提高 QUIC 协议在天地一体网络中的性能,需要做出以下改进。首先,为了充分利用链路容量,默认的最大拥塞窗口并不适用卫星通信环境,而需要提高窗口大小。其次,在高

RTT 的链路环境下，包丢失与恢复带来额外的时延，为了解决这一问题，可以引入链路自适应的 FEC，或者引入网络编码以及 QUIC 隧道等技术来提高链路可靠性。最后，由于链路非对称，返向链路的吞吐量会被前向链路的 ACK 流量限制，需要降低 ACK 的比率。

对于网络层，由于卫星轨道可预测，所以路由路径可以提前规划，所以可以考虑引入 SRv6 协议。Segment Routing（SR）协议基于源路由理念而设计，网络中集中算路模块（例如 SDN 控制器）通过对源节点配置即可灵活简便地实现数据包转发路径控制与调整。SR 技术应用于 IPv6 网络转发的协议称为 SRv6 协议。SRv6 具有协议简化、易部署、支持大规模网络等优势，还具备可编程能力，支持功能平滑演进，是支撑未来数据面转发的基础协议之一。

附　录

相关缩略语

英文缩写	英文全称	中文解释
3GPP	3rd Generation Partnership Project	3G 伙伴计划
5G	The 5th Generation Wireless Communication Technology	第五代移动通信技术
5G PPP	5G Public – Private partnership	欧洲 5G 公私联合推进组织
AMPS	Advanced Mobile Phone System	高级移动电话系统
APP	Application	应用程序
bps	Bit Per Second	比特率
BWAC	Broadband Wireless Access & Applications Center	美国宽带无线接入技术与应用中心
CBRS	Citizen Broadband Radio Service	公众宽带无线服务
CDMA	Code Division Multiple Access	码分多址
cdma2000	Code Division Multiple Access 2000	码分多址接入
COTS	Commercial Off – The – Shelf	商用现货
D2D	Device to Device	终端直通
DOU	Dataflow of Usage	户均移动互联网接入流量
EDA	Electronic Design Automation	电子设计自动化

英文缩写	英文全称	中文解释
EDGE	Enhanced Data Rate for GSM Evolution	增强型数据速率 GSM 演进技术
eMBB	Enhanced Mobile Broadband	增强移动宽带
E – UTRA	Evolved – UMTS Terrestrial Radio Access	进化的 UMTS 陆地无线接入
FCC	Federal Communications Commission	美国联邦通讯委员会
FDD	Frequency Division Duplexing	频分双工
FPGA	Field Programmable Gate Array	现场可编程逻辑门阵列
GPRS	General Packet Radio Service	通用无线分组业务
GPU	Graphics Processing Unit	图形处理单元
GSM	Global System for Mobile Communication	全球移动通信系统
IMT IS – 95	Interim Standard 95	美国主导的 2G 移动通信标准
ITU	International Telecommunication Union	国际电信联盟
LDPC	Low – Density Parity – Check Code	稀疏奇偶检查码
LTE	Long Term Evolution	移动通信长期演进
LTE – Advanced	Long Term Evolution – Advanced	长期演进—增强
MEC	Multi – Access Edge Computing	多接入边缘计算
MIoT	Massive IoT	大规模物联网
mMTC	massive Machine Type Communication	海量机器类通信
MIMO	Multiple Input Multiple Output	多输入多输出
NMT	Nordic Mobile Telephony	北欧移动电话
NR	New Radio	新空口
NSA	Non Standalone	非独立组网
NSF	National Science Foundation	美国国家科学基金会
Ofcom	Office of Communications	英国电信监管机构

英文缩写	英文全称	中文解释
OTT	Over – The – Top	透过互联网直接向用户提供服务
PAWR	Power Amplifiers for Radio and Wireless Applications	先进无线通信研究计划
RAN	Radio Access Network	无线接入网
RRU	Remote Radio Unit	远端射频单元
RSPG	Radio Spectrum Policy Group	无线频谱政策组
SA	Stand Alone	独立组网
SBA	Service – based Architecture	服务化架构
SCDMA	Synchronous Code Division Multiple Access	同步码分多址
SDN	Software Defined Networking	软件定义网络
TDD	Time Division Duplexing	时分双工
TDMA	Time Division Multiple Access	时分多址
TD – SCDMA	Time Division – Synchronous Code Division Multiple Access	时分同步码分多址
TD – LTE	Time Division – Long Term Evolution	时分长期演进
URLLC	Ultra Reliable Low Latency Communication	低时延高可靠
WiMAX	Worldwide Interoperability for Micro – wave Access	全球微波互联接入

相关政策文件

1.《中共中央国务院关于深化体制机制改革加快实施创新驱动发展战略的若干意见》（中共中央、国务院，2015 年 3 月）

2.《国家信息化发展战略纲要》（中共中央办公厅、国务院办公厅，2016 年 7 月）

3.《"十三五"国家信息化规划》（国务院，2016 年 12 月）

4.《国家无线电管理规划（2016—2020 年)》（工业和信息化部，2016 年 8 月）

5.《信息通信行业发展规划（2016—2020 年)》（工业和信息化部，2016 年 12 月）

6.《关于第五代移动通信系统使用 3300—3600MHz 和 4800—5000MHz 频段相关事宜的通知》（工业和信息化部，2017 年 11 月）

7.《"5G＋工业互联网"512 工程推进方案》（工业和信息化部，2019 年 11 月）

8.《关于推动 5G 加快发展的通知》（工业和信息化部，2020 年 3 月）

9.《关于调整 700MHz 频段频率使用规划的通知》（工业和信息化部，2020 年 3 月）

参考文献

1. 肖亚庆：《充分发挥市场监管职能作用　更好服务疫情防控和经济社会发展大局》，《求是》2020年第12期。

2. 苗圩：《加强核心技术攻关　推动制造业高质量发展》，《求是》2018年第14期。

3. 刘烈宏：《深化电信基础设施共建共享　促进"5G＋"融合应用创新》，在第19届中国互联网大会开幕论坛上的讲话，2020年7月23日。

4. 陈肇雄：《信息通信业：通达全国连接世界》，《光明日报》2019年9月21日。

5. 杜滢等：《5G移动通信技术标准综述》，《电信科学》2018年第8期。

6. 杨旭等：《面向5G的核心网演进规划》，《电信科学》2018年第6期。

7. 周瑶、尹安祺：《全球5G频谱研究及启示》，《邮电设计技术》2019年第3期。

8. 陈佳佳等：《全球5G频谱发展动态》，《电信技术》2019年第1期。

9. 王庆扬等：《5G 关键技术与标准综述》，《电信科学》2017 年第 11 期。

10. 孙韶辉等：《5G 移动通信系统设计与标准化进展》，《北京邮电大学学报》2018 年第 11 期。

11. 朱浩、项菲：《5G 网络架构设计与标准化进展》，《电信科学》2016 年第 4 期。

12. 中国信息通信研究院编：《5G 干部读本》，人民出版社2020 年版。

13. IMT－2020（5G）推进组：《5G 愿景与需求白皮书》，2014 年 5 月。

14. IMT－2020（5G）推进组：《5G 网络架构设计白皮书》，2016 年 6 月。

15. IMT－2020（5G）推进组：《5G 网络技术架构白皮书》，2015 年 6 月。

16. IMT－2020（5G）推进组：《5G 核心网云化部署需求与关键技术白皮书》，2018 年 6 月。

17. IMT－2020（5G）推进组：《5G 网络安全需求与架构白皮书》，2017 年 6 月。

18. IMT－2020（5G）推进组：《5G 无人机应用白皮书》，2018 年 9 月。

后 记

为使广大党员干部更好地学习和使用 5G 前沿知识，我们组织编写了《信息技术前沿知识干部读本·5G》一书。本书编写过程中多次进行编写座谈研讨，深入调研 5G 发展现状和垂直行业应用情况，广泛听取了政府和行业专家意见，力求形成兼具专业性和可读性的普及读物，使不同专业背景的党员干部更加直观、全面、系统地了解 5G 相关知识。

本书由工业和信息化部审定，中国工业互联网研究院组织编写、院长徐晓兰牵头协调。参与本书编写工作的主要人员有：朱浩、薛强、张昂、项菲、孙滔、刘超、王丹、朱进国、艾明、侯云静、赵旭、张玉良、李紫阳、刘如才、郭菲、唐墨、梁伟伟、刘光超。对本书进行审读的专家有（按姓氏笔画排序）：丁艺、王永建、刘荣科、江志峰、李伟、李炜、张云勇、陈巍、陈豫蓉、周旭、董晓庄、蒋华、温红子。

在本书策划出版过程中，党建读物出版社给予了具体指导。有关单位提供了宝贵资料。在此，一并表示感谢！

本书不足之处，敬请批评指正。

本书编写组
2021 年 3 月

图书在版编目（CIP）数据

5G／《5G》编写组编著. —北京 ： 党建读物出版
社，2021.4
信息技术前沿知识干部读本
ISBN 978 - 7 - 5099 - 1363 - 5

Ⅰ.①5… Ⅱ.①5… Ⅲ.①第五代移动通信系统—干
部教育—学习参考资料 Ⅳ.①TN929.53

中国版本图书馆 CIP 数据核字（2021）第 030167 号

5G

5G

本书编写组　编著

责任编辑：何羽
责任校对：钱玲娣
封面设计：李志伟
出版发行：党建读物出版社
地　　址：北京市西城区西长安街 80 号东楼（邮编：100815）
网　　址：http://www.djcb71.com
电　　话：010 - 58589989/9947
经　　销：新华书店
印　　刷：保定市中画美凯印刷有限公司
2021 年 4 月第 1 版　2021 年 4 月第 1 次印刷
710 毫米 ×1000 毫米　16 开本　13.75 印张　134 千字
ISBN 978 - 7 - 5099 - 1363 - 5　定价：35.00 元